ESSAI

SUR LES

COMETES.

In human works, though labour'd on with pain,
A thousand movements scarce one purpose gain;
In God's, one single can it's End produce,
Yet serves to second too some other use.

Pope's Essai on man. Ep. I.

Dans les Ouvrages humains, quoique pour-
suivis avec un travail pénible, mille mouve-
ments produisent à peine une seule fin. Dans
les Ouvrages de Dieu, un simple mouvement
non-seulement produit sa fin, mais encore
seconde une autre opération.

Essai sur l'homme par Pope
Traduit par S.

ESSAI

SUR LES

COMETES.

Où l'on tache d'expliquer les Phénomenes qu'offrent leurs queues, & où l'on fait voir qu'elles sont probablement destinées à rendre les Cometes des mondes habitables.

Avec des Observations & des Réflexions sur le SOLEIL & sur les PLANETES du premier ordre.

PAR

ANDRÉ OLIVER.

Traduit de l'Anglois.

———————————

A AMSTERDAM,

CHEZ MARC-MICHEL REY,

MDCCLXXVII.

A MONSIEUR

JEAN WINTHROP,

Professeur de Mathématiques & de Physique, Associé à la Corporation du College de Harvard, Membre de la Société Américaine Philosophique de Philadelphie, & de la Société Royale de Londres.

Monsieur,

C'est à vous que je dois les connoissances que j'ai acquises dans les sciences, que vous enseignez avec tant de réputation. Vous avez eu la bonté de m'encourager à la composition de ce traité; & s'il n'avoit pas eu votre approbation, je ne l'aurois point rendu public. Voilà des titres qui m'autorisent à vous le dédier, en vous assurant de toute ma reconnoissance.

Je suis avec le plus profond dévouement

MONSIEUR,

*Votre très-humble & très-
obéissant Serviteur*

ANDRÉ OLIVER.

PRÉFACE

De l'Editeur de cette Traduction.

Ce petit ouvrage a été imprimé en 1772.
à *Salem*, dans la Nouvelle - Angleterre. Dès
qu'il parut, l'Auteur eut la bonté de m'en
envoyer un exemplaire, que je lus avec
un très - grand plaisir. J'y trouvai des idées
si nouvelles, appuyées par des raisons si
solides, & proposées cependant avec tant
de modestie, que je crus rendre un véritable service au Public en le faisant traduire en François. Pour cela je le remis
à une Société qui s'étoit formée dans notre ville, & qui travailloit à un ouvrage
périodique intitulé l'*Esprit des Journaux
Anglois*. Elle en entreprit effectivement

* 4

la traduction, & en inséra la Préface &
l'Introduction dans le premier volume de
ce Journal. Mais immédiatement après
sa publication, la Société fut dissoute par
le départ d'un des principaux Auteurs,
qui étoit précisément celui à qui j'avois
confié cet Essai. Il m'avoit assuré que la
traduction en étoit presque faite: je me fis
donc remettre ses papiers, qu'on eut de
la peine à rassembler, & après les avoir
examinés, je trouvai que l'ouvrage avoit
été fait un peu à la hâte, & qu'il étoit
bien éloigné d'être fini: ainsi je me vis obligé d'en revoir tout ce qui avoit été fait,
& de traduire moi-même ce qui ne l'étoit
pas encore. Je ne regrette pas le peu de
temps que j'y ai employé; j'en ai été ample-
ment dédommagé, par la satisfaction que

j'ai éprouvée, en relisant une seconde fois, & avec plus d'attention, les ingénieuses & savantes observations dont ce Livre est rempli.

Le sujet en est des plus intéressants, & la maniere dont il est traité, ne peut que répondre au but de son Auteur, qui a voulu surtout dissiper la crainte que l'apparition d'une Comete inspire à la plûpart des hommes.

Qu'on ne dise pas que cela n'est plus nécessaire, depuis que *Newton*, & tant d'autres habiles Astronomes ont rectifié nos idées sur cet article. Le peuple, & combien de gens ne sont pas compris sous ce nom ? Le peuple, dis-je, est toujours porté à regarder les Cometes comme des phénomenes qui annoncent les plus grands malheurs, ou comme la cause prochaine de la destruction totale de notre globe. Quand on attendoit la Comete, dont le retour avoit été prédit un demi-siecle auparavant par *Halley*, & qui parut en effet en 1759, au-lieu de l'admiration qu'auroit dû exciter la sagacité de ce grand génie, n'a-t-on pas vu l'alarme répandue dans toute l'Europe, & la plûpart de ses habitants regarder l'apparition future de cette Comete, comme le terme fatal prescrit à la durée du monde? Il n'y a pas encore trois ans, que le bruit courut en France, qu'on avoit à appréhender la plus terrible des catastrophes, causée par une Comete qui paroîtroit au bout d'une année, ou même plutôt; & pour autoriser cette ridicule crainte, on ne rougissoit point de citer un mémoire de Mr. *de la Lande*, qui devoit être lu dans une assemblée de l'Académie Royale des Sciences. Mais ce savant Astronome étoit bien éloigné d'avoir jamais avancé rien de pareil : pour tranquilliser les esprits, il fut obligé de publier séparément son mémoire, qui n'auroit dû paroître que dans la collection de ceux de l'Académie. Il y démontra précisément le contraire de ce qu'on lui attribuoit, je veux dire, le peu de probabilité qu'il y avoit à ce que notre Terre eut quelque chose à souffrir de la part d'aucune des 60 Cometes observées & calculées jusqu'à présent (*a*).

Les queues des Cometes sont ce que

(*a*) Voyez ses *Réflexions sur les Cometes qui peuvent approcher de la Terre.* pag. 38 & 39.

ces Corps offrent furtout d'effrayant ; & ce
n'eft pas tout - à - fait fans raifon que le Peuple en eft épouvanté. *Newton*, dont l'autorité eft fi refpectable , les a regardées
comme des torrents immenfes d'exhalaifons
& de vapeurs enflammées , que l'ardeur
du Soleil fait fortir de leur noyau. Il a
calculé que la chaleur qu'a éprouvée
la Comète de 1680, à fon périhélie, a
furpaffé deux mille fois celle d'un fer rouge : fi le fait eft vrai, que n'auroit - on pas
à craindre de cette matiere qui fort d'un
corps auffi prodigieufement échauffé , fi
elle venoit à fe mêler avec l'atmosphere
qui nous environne ? Heureufement le calcul
prouve tout , & ne réalife rien , à moins
qu'il ne foit fondé fur des principes inconteftables. Celui de *Newton* eft fort jufte,

ſi on lui accorde que la chaleur des rayons ſolaires eſt proportionnée à leur denſité; & dans ce cas quelque répugnance que l'imagination la plus hardie ait à concevoir une ſi énorme chaleur, il faudra bien l'admettre. Mais l'Auteur de cet Eſſai a prouvé, par des raiſons qui me paroiſſent ſans réplique, que cette proportion n'a point lieu, & que les Cometes, lorsqu'elles ſont le plus près du Soleil, ne ſont point expoſées à une chaleur intolérable, comme elles ne ſouffrent point toutes les horreurs du froid le plus rigoureux dans leur aphélie. Ainſi nous n'avons point à craindre cette conflagration générale, dont nous a menacés Mr. *de Maupertuis* (*b*), d'après

(*b*) Voyez ſon ingénieuſe Lettre ſur les Cometes.

le célebre *Grégory* & tant d'autres savants Astronomes.

La maniere dont Mr. *Oliver* explique ici la formation de ces queues, est non-seulement très-ingénieuse; mais elle est encore appuyée par des raisonnements si solides, & par des expériences si convaincantes, qu'il semble avoir écarté toutes les difficultés, qui avoient paru jusques à présent très-embarassantes, & qui avoient donné lieu à tant d'hypotheses différentes.

De tout ce qu'il avance, il est bien en droit de conclure, qu'il est possible que les Cometes soient habitées: mais pour affirmer qu'il est probable qu'elles le sont réellement, nous devrions connoître toutes les fins que l'Intelligence suprême peut avoir eu en vue, en les créant. Or comme certe connoiſſance nous manque , j'aime à croire que ces vaſtes globes ont des habitants, ſans oſer prononcer ſur le degré de probabilité qu'il y a en cela.   Je lis avec plaiſir ce qui eſt dit dans cet Eſſai là-deſſus, & chacun, en le liſant, en ſera de même agréablement affecté.   Si l'on n'eſt pas en tout de l'avis de l'Auteur, du moins on penſera comme lui, que l'apparition d'une Comete doit être enviſagée ſous un point de vue très-ſatisfaiſant, bien-loin de devoir être regardée comme l'avant-coureur de quelque terrible révolution.   C'eſt du nouveau monde que nous vient ce Livre, qui a diſſipé les préjugés où nous étions à cet égard , & qui a été précédé tant par les ingénieuſes découvertes de Mr. *Franklin*, que par les intéreſſantes obſervations qui

se trouvent dans les Transactions Philosophiques de la Société Américaine de Philadelphie. Les sciences commenceroient-elles
une nouvelle transmigration du côté de
l'occident?

J. ALLAMAND.

PRÉFACE

DE L'AUTEUR.

Le but de l'Essai suivant, est d'abord d'extirper quelques idées absurdes qui nous viennent de l'antiquité la plus ténébreuse, sur l'apparition des Comètes, & qui, malgré leur ridicule, ne laissent pas encore d'avoir de nos jours quelques partisans : ensuite, de dissiper les vaines terreurs dont certains esprits peuvent être frappés à cet égard, & que les écrits de plusieurs grands hommes, même d'entre les modernes, semblent appuyer : c'est enfin, de suggérer à ceux qui se plaisent dans l'étude des causes physiques des différens effets naturels, un petit nombre d'idées, qui, bien approfondies, pourront étendre le champ de la spéculation philosophique, & fournir un nouveau

**

motif d'adorer la Sageſſe & la Bonté de cet Etre qui n'a rien fait en vain, & qui a diſpoſé les diverſes parties de l'Univers par poids & par meſures.

L'Auteur qui, dans tout le cours de cet Ouvrage, s'eſt efforcé d'être auſſi clair, auſſi intelligible qu'il lui a été poſſible, pour le plus grand nombre des Lecteurs, compte beaucoup ſur l'indulgence des Savans. Il eſpère qu'ils lui pardonneront certaines petites diſcuſſions, qu'ils ne jugeront pas eſſentielles, & qu'ils péſeront avec impartialité les argumens offerts à leur conſidération. Il ſe flatte qu'ils gliſſeront ſur quelques légères inexactitudes, qui pourroient lui être échappées, & qu'ils marqueront & releveront avec franchiſe les écarts, dans lesquels il pourroit avoir donné.

Les Aſtronomes n'ignorent pas aujourd'hui, que les mouvemens des Comètes ſont réglés par la Loi générale de la gra-

vitation, & que le Soleil eſt comme le
centre commun autour duquel elles ſe meuvent, ainſi que les Planètes, quoiqu'elles ſoient
en plus grand nombre que celles ci, &
de différentes eſpéces.

Les Planètes, depuis la découverte
des Satellites qui en accompagnent quelques-unes, ſont aſſez univerſellement &
très probablement ſuppoſées être autant
de mondes habités, comme notre Globe.
Mais pluſieurs célèbres Aſtronomes, même parmi les modernes, ont ſoutenu que
les extrémités de chaleur & de froid,
auxquelles les Comètes ſont expoſées alternativement dans les différentes parties
de leur orbite, ſont incompatibles avec
l'idée d'habitation pour toute race matérielle d'êtres quelconques.

Le vulgaire les a regardées jusqu'à
ce jour comme des météores d'un préſa-
ge funeſte, & deſtinées uniquement pour
annoncer aux hommes les plus terribles

fléaux, la guerre la famine & la peste.
Il en est aussi qui prétendent, que ce
sont des globes de feu qui roulent à l'a-
venture dans l'espace, & qui, par un
hazard très fatal, pourroient fort bien
rencontrer la Terre dans leur cours, &
apporter à ses habitans les plus grands
dommages, s'ils n'en causoient pas la
ruine totale.   D'autres enfin les regardent comme des mondes ou des lieux de
supplice, dévoués à une confusion perpétuelle, & dont les habitans font condam-
nés à être gelés & brulés alternativement à leur aphélie & périhélie (a).

(a) C'est ainsi que Milton suppose que les
Esprits apostats font éternellement punis : les
vers par lesquels il exprime les terribles alter-
natives de chaleur & de froid qu'ils éprouvent,
font très beaux : les voici.

They ——— feel by turns tho bitter change
Of fierce extremes, extremes by change more fierce,

Sénèque a rejetté le premier de ces sentimens : bien-loin de regarder les Comètes comme des météores passagers, ce célèbre Philosophe les range au contraire au nombre des productions éternelles de la Nature. Le second sentiment contredit ouvertement l'idée d'une administration divine, & se détruit de lui-même, pour ceux qui ont une idée juste de la Providence du sage, du puissant Auteur & Modérateur de l'Univers. Quant au dernier, il n'a pas l'ombre de vraisemblance. Comment supposer en effet, que l'Etre suprême auroit voulu créer cinquante Mondes (car certainement il y a autant de Comètes différentes, & plus encore)

From beds of raging fire to starve in ice
Their soft æthereal warmth, and there to pine
Immovable, infix'd, and frozen round
Periods of time, thence hurried back to fire.

PARADISE LOST, BOOK II.

** ƒ

uniquement pour la punition des habitans incorrigibles de cinq ou six Planètes seulement ? Nest - ce pas au contraire bien plus consulter la gloire de Dieu, que de considérer ces corps comme autant de Mondes habités, pourvus, ainsi que la Terre, de tout ce qui est nécessaire pour la subsistance d'un nombre infini d'habitans, tant raisonnables que destitués de raison ? (b).

Le Lecteur verra dans l'Introduction, que la considération de ce sujet sous ce même point de vue, fut proposée pour la première fois par Mr. Hugues Williamson,

---

(b) *Le Docteur* Young, *en parlant du* CREATEUR *& de ses ouvrages, dit bien poëtiquement, que moins il y a de choses plongées dans le cahos, & enveloppées des ténèbres de la nuit, plus la gloire de cet Etre suprème brille avec éclat.*
Darts not His Glory a still brigter Ray
The less is left to Chaos and the Realms
Of hideous Night?

NIGHT THOUGTS, NIGHT 9.

Docteur en Médecine de Philadelphie, dans un Traité, publié dans une de nos feuilles hebdomadaires. C'est ce Traité qui, contenant quelques penfées originales qu'on crut pouvoir concourir à l'amélioration de la Philofophie naturelle, a été, pour l'Auteur de cet Effai, le premier motif qui l'a déterminé à l'entreprendre. Il n'avoit fait jufqu'alors fur ce fujet qu'une très légère attention. C'est ce qui lui fait efpérer que fi les obfervations ou réflexions qui fe préfenteront dans le cours de cet ouvrage, font dignes d'intéreffer fes Lecteurs, & font nouvelles, elles expieront, en quelque forte, plufieurs fautes qu'il craint d'avoir commifes, & qu'il foumet très volontiers à la correction de ceux qui font plus avancés dans les connoiffances naturelles, qu'il ne prétend l'être lui-même.

Plufieurs amis de l'Auteur, gens de fpéculation & de favoir, ont parcouru

cet Essai en manuscript; & c'est à leur
approbation ainsi qu'à leur requéte, qu'on
doit son consentement à le rendre public.
Mais le nombre inattendu des souscrip-
teurs, & surtout leur caractère respec-
table, a augmenté sa défiance sur ses
prétentions à un accueil favorable. Dans
l'appréhension de frustrer leur attente,
il se seroit déterminé à ne pas mettre
au jour cet Essai, s'il n'avoit été pleinement persuadé qu'il devoit attendre
la plus grande indulgence de ceux qui
sont les meilleurs juges en cette matière; d'autant plus, que son traité n'est
qu'un effort, pour découvrir quelques
vérités philosophiques, dont la connoissance pourroit procurer l'avancement
des sciences, & par conséquent être de quelque utilité au genre-humain.

Ce qui l'encourage beaucoup, c'est
que le Docteur Gowin Knight, membre
de la Société Royale, a tenté d'expliquer

les phénomènes des queuës des Comètes, selon le même principe qu'il a taché lui-même d'établir, c'est-à-dire, conséquemment au système d'une répercussion mutuelle, subsistante entre les atmosphères des corps célestes. Comme le Docteur, lorsqu'il écrivit son traité, se trouvoit engagé dans la solution générale de tous les phénomènes de la nature, par le moyen de deux principes généraux, savoir, l'attraction & la répulsion, il n'a touché que légèrement les phénomènes particuliers que nous considérons actuellement. En conséquence, ce qu'il dit à ce sujet est fort succinct, & se trouve renfermé dans les bornes d'un simple corrollaire, qui naît d'une longue chaîne de déductions des propriétés supposées d'un fluide répercussif également distribué dans toute l'immensité de l'espace, & dont l'existence, quoique probable, n'a jamais été prouvée.

Dans le tems que l'Auteur écrivoit la partie de cet Essai destinée particuliérement à ce sujet, il avoit entiérement oublié la solution du Docteur Knight : c'est ce qui lui fit prendre une route différente pour établir son principe, le déduisant des propriétés connues de l'air, ce fluïde dont nous connoissons l'existence réelle par le témoignage direct de nos sens, de même que ses propriétés par des expériences sans nombre. Cet élément en effet est tout autre que le fluïde universel du Docteur, qu'il suppose, il est vrai, être composé de particules qui se repoussent mutuellement comme celles de l'air, mais si prodigieusement rares, qu'une quantité suffisante pour remplir tout l'espace qu'occupe le systême solaire, ne péseroit pas un grain (Essai de Knight *pag.* 15.) ; *l'air au contraire est un fluïde si pésant, & presse tant par sa propre* gravité, qu'il seroit presqu'impossible d'en soutenir le poids dans les expériences, qui se font avec la Machine Pneumatique.

Cependant il ne suit pas de là, que si l'air considéré comme un fluïde d'un genre particulier, nous suffit pour rendre compte des phénomènes que nous observons, nous voulions rejetter l'action d'un autre, de l'existence & des propriétés duquel (si elles étoient prouvées) dépendroient peut-être les propriétés de l'air même. En supposant un tel fluïde répulsif universel, le Docteur Knight a expliqué d'une manière très curieuse plusieurs phénomènes de la nature, qui sont si communs, qu'on n'y fait pas ou très peu d'attention, tels que sont la fluïdité, l'élasticité, la vertu magnétique &c. Et soit que la répulsion mutuelle de l'air, dépende (comme il le suppose) ou ne *dépende pas de la présence du même fluïde, il s'enfuivra également, que les atmosphères aëriennes des corps célestes, se repouffent mutuellement.*

I N.

INTRODUCTION.

Au mois de Septembre de l'année 1769.
parut une Comète remarquable. A cette occasion le Docteur *Hugues Williamson*
composa un Traité sur le même sujet que
celui de cet Essai. Ce Traité fut lu devant la
Société des Savans de *Philadelphie*, & publié
peu de tems après par leur ordre.

Cette pièce contient quelques observations
& quelques réflexions curieuses, dignes de
fixer l'attention des Physiciens ; celle-ci surtout : c'est que les Comètes, ainsi que les
Planètes, peuvent être des mondes habités ; &
que l'état plus ou moins agréable dont jouïssent
les habitans de ces différens Globes du systême
solaire, ne dépend peut-être pas uniquement
de leur distance respective du Soleil : de plus,
que quoique les rayons de cet astre puissent être
absolument nécessaires à l'existence même de

la chaleur planétaire, cependant la température de cette chaleur peut dépendre de la densité des atmosphères qui environnent ces différens globes : & qu'ainsi les Comètes, même dans le point de leur plus grande distance
du Soleil, peuvent être des habitations agréa-
bles par le moyen de ces vastes atmosphères
qui les entourent ; & que, comme par leur
trop grande proximité du Soleil, ces atmosphères pourroient quelquefois nuire à leurs
habitans, elles sont repoussées en arrière à des
distances immenses, soit par la rapidité du
project des rayons solaires, soit par toute autre cause quelconque.

La lecture de ce Traité dans lequel le Docteur *Williamson* produit les Comètes comme
très probablement habitables, a donné lieu à
l'Essai suivant, dont le but est d'établir cette doctrine.

Nous différons, il est vrai, dans les hypo-
thèses que nous posons, pour expliquer les
phénomènes de leurs queuës. Mais quoiqu'il
en soit, toutes nos conclusions sont les mêmes, rélativement à la densité de leurs atmosphères dans les différentes parties de leurs
orbites.

Le Docteur adoptant l'hypothèse de *Kepler*, suppose que la vélocité des rayons solaires & leur force, qui en résulte, rejettent l'atmosphère de la Comète au-delà de sa masse à des distances immenses, & que la réflexion de ces rayons forme la queuë que nous voyons.

Cette solution, il faut l'avouer, semble être aussi naturelle, aussi facile qu'aucune autre, & l'on pourroit l'adopter comme la plus satisfaisante, si l'on produisoit une seule expérience, pour prouver que les rayons de lumière ont assez de force pour agir si puissamment, même sur les moindres corpuscules ou sur les vapeurs les plus raréfiées. On ne conçoit pas pourquoi le Chevalier *Newton* passe si légérement sur cet article (1), lui qui employe plusieurs pages pour réfuter des sentimens qui se réfutent eux-mêmes par leurs propres absurdités.

Quoiqu'il en soit, depuis un siècle que *Kepler* a donné cette hypothèse, elle n'a jamais été constatée par aucune expérience :

(1) *Newtoni Princip. Lib.* III. *Prop.* XLI.

A 2

& dans cet intervalle néanmoins la Philoso-
phie expérimentale a été portée à un très
haut dégré de perfection : c'est pour cela que
Mr. le Professeur *Winthrop* dit dans ses le-
çons sur la Comète, qu'il ne faut pas trop
insister sur ce point, parce que nous ne connoissons rien dans la nature, d'où l'on puisse
tirer une comparaison capable d'étayer cette
assertion.

L'hypothèse que contient cet Essai, porte
sur une répercussion mutuelle qu'on suppose
subsister entre les différentes atmosphères des
corps célestes, & que l'on déduit de la répulsion des particules aëriennes, dont l'atmosphère de notre Terre, ainsi que celle des
autres globes, est composée. Que l'atmosphère de notre Terre soit composée de particules qui ont une force répulsive, c'est ce
que prouvent toutes les belles & instructives
expériences qu'on fait sur l'air. On verra
dans la suite, que le Soleil & les autres Planètes ont des atmosphères de la même nature.

Mr. *Newton* en réfutant différentes hypo-
thèses établies pour rendre raison de l'ascension
des queuës des Comètes dans une direction

oppofée au Soleil, fait plutôt naître l'idée d'une nouvelle hypothèfe, qu'il n'en fubftitue une autre.

Comme ce célèbre Auteur ne foutient rien de pofitif; qu'il propofe feulement fon fentiment par forme de queftion; je me flatte que perfonne ne me croira affez vain ni affez téméraire pour prétendre le réfuter.

,, La raifon," dit-il, ,, pourquoi la fumée ,, monte dans une cheminée, doit être attri- ,, buée à l'impulfion de l'air qui l'environne. ,, L'air raréfié par la chaleur, monte, parce ,, que fa gravité fpécifique eft diminuée, & ,, il emporte en montant la fumée qui eft ,, mélée avec lui." Il propofe enfuite la queftion fuivante:

,, Pourquoi la queuë d'une Comète ne peut- ,, elle pas monter de la même manière dans ,, une direction oppofée au Soleil?"

Avant que de répondre à cette queftion, confidérons plus particulièrement, pourquoi les vapeurs montent dans notre atmofphère. Il eft certain qu'il faut attribuer en bonne partie la caufe de l'afcenfion de la fumée, à la raifon qu'en a donnée Mr.

Newton. Qu'on allume du feu en plein air, la fumée en fort d'abord comme de groffes nuées, elle fe développe enfuite, & s'étend à mefure qu'elle monte. Mais fi le feu eft refferré dans une cheminée, l'air raréfié n'aïant qu'une voye étroite, c'eft-à-dire que le tuyau pour s'étendre, l'air condenfé de la chambre le pouffe vers le haut avec la fumée qui s'y joint, & monte en droite ligne avec plus de viteffe & à une hauteur plus confidérable qu'en plein air.

Mais ce n'eft ni la feule, ni la principale caufe de l'afcenfion des vapeurs en général; elle n'eft qu'une caufe accidentelle qui augmente leur viteffe lorsqu'elles font en mouvement. La véritable raifon qui les fait monter dans une atmofphère tranquile, c'eft la différence des gravités fpécifiques de ces vapeurs, & de l'air dans lequel elles flottent. Il feroit intéreffant de rechercher comment elles fe produifent, & font détachées de la furface des corps, mais cela feroit étranger à mon fujet. Les vapeurs, comme étant d'ordinaire plus légères, montent jufqu'à cette région de l'atmofphère où leur denfité les met en équilibre avec l'air. A cette hauteur elles forment des nuées qui y reftent fufpendues, ou qui en font chaffées par les vents, dans une direction parallèle à la furface de la Terre, jusqu'à ce qu'une raréfaction cafuelle de l'air, la rencontre foit des vents contraires, foit des nuées plus ou moins électrifées, les faffe condenfer imperceptiblement, & tomber enfuite en rofées ou en pluies douces, ou enfin jusqu'à ce que s'entre-choquant avec plus de violence, elles tombent en ondées, fuivant la nature de la caufe qui les a mifes en mouvement.

La fumée d'une cheminée eft presque toujours plus légère que l'air qui l'entoure, & par le moyen duquel elle monte ; autrement elle redefcendroit dès qu'elle fe feroit dégagée de la colomne d'air qui la fait monter. Cette circonftance rendroit le féjour des grandes Villes très désagréable : car il y a des tems chez nous, où l'air eft fi raréfié, qu'effectivement la fumée defcend de cette manière, & refte fufpendue à très-peu de diftance de la furface de la Terre, au grand préjudice des yeux & des poumons de nos habitans. Il n'eft pas néceffaire de prouver que l'air, le plus proche de notre Terre, eft en général plus épais & plus péfant que la fumée & les autres vapeurs qui y flottent : c'eft un fait que je fuppofe ne trouver aucune contradiction.

Si donc les queuës des Comètes montent en partant de leur tête, ou plutôt du Soleil, de la même manière & par la même raifon que la fumée monte en partant du feu, il faut que l'éther par lequel elles montent, foit à peu près de la même denfité, que les vapeurs dont elles font compofées ; autrement elles ne pourroient ni s'y balancer, ni s'y entre-mêler pour en être portées dans l'étendue immenfe de l'efpace ; & pour les faire monter à des hauteurs fi prodigieufes, comme quelques-unes montent, il faut néceffairement fuppofer que leur gravité fpécifique eft confidérablement moindre que celle de l'éther.

Mais fi cela eft ainfi, que deviennent ces efpaces libres, dans lesquels, felon le Chevalier *Newton*, non feulement *les corps folides des Comètes & des Planètes*, mais auffi *les va-*

peurs les plus raréfiées des queuës des Comètes soutiennent leurs mouvemens rapides sans obstacle & sans résistance. Il ajoute : *les queuës conservant leur propre mouvement, c'est-à-dire, celui qu'elles avoient en commun avec leurs têtes, & gravitant en même tems vers le Soleil, doivent se mouvoir dans des ellipses autour de cet astre, dans la même direction que suivent leurs têtes, & par ce mouvement elles doivent les accompagner constamment.* Or quoique l'éther puisse être supposé assez raréfié, pour que les corps solides y fassent leurs révolutions pendant plusieurs siècles sans aucun empêchement sensible, ou comme dit Mr. *Newton*, pendant plus de dix mille ans : cependant comme les queuës, suivant cette hypothèse, doivent être à peu près de la même gravité spécifique que cet éther, comment donc peuvent-elles y soutenir leur rapide mouvement sans résistance, en faisant leur révolution elliptique autour du Soleil, conjointement avec leur tête ? C'est ce qui est absolument impossible d'après la manière dont Mr. *Newton* même raisonne dans toute la *Section* 7. du 2. liv. de ses *Principes, sur le mouvement des flui-*

A 5

des, & la résistance qu'éprouvent les corps pro-
jettés. Suivant ses principes, ces vapeurs perdroient bientôt leur mouvement de projection, & puisqu'elles s'élèvent de la tête, la
Comète à son retour du Soleil les laisseroit
nécessairement en arrière ; & cela par une
suite nécessaire de la résistance de cet éther
dans lequel le mouvement se fait. En conséquence, toutes les fois que la Comète deviendroit visible après le périhélie, elle auroit toujours une queuë comme auparavant,
mais renversée & semblable à une colomne,
ou à une verge lumineuse, projectant ses rayons
de la tête vers le Soleil, jusqu'à ce qu'elle
se confondit avec le crépuscule. Mais ceci
contredit toutes les observations. Car la queuë
d'une Comète, après, comme avant le périhélie, est réellement & constamment opposée au Soleil, si vous en exceptez une petite déclinaison vers la région d'où la Comète est partie en dernier lieu, qu'il ne faut
pas attribuer à la résistance de quelque milieu par où elle passe. Il n'arrive aucun
changement dans le mouvement de ses différentes parties: elles conservent celui qu'el-

les avoient en commun avec leur tête, lorsqu'elles commençoient à monter, & font librement leur révolution elliptique autour du
Soleil conjointement avec leur tête. Mais
les parties de la queuë les plus éloignées par-
courent une étendue beaucoup plus considérable que la tête, qui a une plus petite cir-
conférence à parcourir autour du Soleil à
fon périhélie. Il faut donc nécessairement
que ces parties soient plus longtems à faire
le même mouvement angulaire autour du Soleil que la Comète même. Elles doivent
par conséquent s'écarter de l'opposition directe au Soleil, & toute la queuë doit se cour-
ber vers le lieu du périhélie d'où elles viennent de passer, & cela en supposant que la tête
& la queuë se meuvent librement dans un
vuide parfait. Cette courbure de la queuë
diminue, à mesure que la Comète s'éloigne
du Soleil, jusqu'à ce qu'enfin elle recou-
vre l'opposition droite qu'elle a eue au com-
mencement.

Or comme ces phénomènes s'accordent
parfaitement avec le mouvement de la queuë
d'une Comète dans *des espaces vuides* & sans

réſiſtance, ils ſont d'un autre côté incompatibles avec la ſuppoſition de ſon mouvement dans un milieu qui eſt d'une denſité
égale ou plus grande que la ſienne, ou dans
tout autre milieu qui oppoſeroit de la réſiſtance. Car ſuivant notre célèbre Auteur
lib. 2. ſect. 7. prop. 38. coroll. 4. ſi la tête
ou la partie ſolide de la Comète, & le fluide où elle ſe meut, étoient de la même
denſité, la première perdroit la moitié de
ſon mouvement avant qu'elle eût parcouru
la diſtance de la longueur de deux fois ſon
diamètre, par conſéquent elle perdroit bien
vite ſon mouvement total. La denſité des
vapeurs de la queuë, ſelon ſon hypothèſe,
& celle du milieu par où elles montent, étant
à peu près égales, ces vapeurs perdroient
de même par la réſiſtance de ce milieu,
toute la force de leur mouvement prove-
nant de la tête, auſſitôt que la tête perdroit ſon mouvement dans le premier cas.

Mr. *Newton* conclut la 7ᵉ. *ſection* en ces
termes : „ La réſiſtance dans chaque fluïde
„ eſt proportionnée au mouvement que le
„ corps agité excite dans le fluïde ; & dans

„ l'éther le plus subtil elle ne peut pas être
„ moins en proportion avec la densité de
„ cet éther, qu'elle n'est dans l'air, dans
„ l'eau, dans le mercure, en proportion
„ avec les densités de ces fluides."

De tout ce que nous venons de dire, il
suit nécessairement que les espaces de l'éther,
où ces vapeurs très-subtiles de la queuë
d'une Comète font librement, avec la tête, des révolutions elliptiques autour du Soleil, il s'enfuit, dis-je, que dans ces espaces, comme dans un vuide parfait, il n'y a
rien qui fasse résistance, & que par conséquent les rayons de lumière n'empêchent en
aucune façon la liberté de leur mouvement,
même dans la proximité du Soleil.

Tout ce que l'on demande au Lecteur,
c'est d'examiner ces feuilles sans prévention,
& de ne point prononcer avant que d'avoir
pesé murement & sans partialité les raisons
dont on étayera les différentes propositions
qui s'y trouvent, & qui se soutiendront,
ou tomberont, selon la force ou la foiblesse des preuves qu'on allègue.

ESSAI
SUR LES
COMÈTES.

PREMIERE PARTIE.

Où l'on tache d'expliquer les Phénomènes qu'offrent les queuës des Comètes.

Nous avons deux parties à observer dans une Comète : I. Un corps sphérique, solide & opaque, dont la clarté dépend, comme celle des Planètes, de la réflexion des rayons du Soleil, & qui ne diffère en rien d'un globe planétaire : c'est ce que les Astronomes appellent le noyau. II. Une atmosphère d'une fort grande étenduë, qu'on nomme queuë par rapport à sa forme, & qui présente ordinairement à notre vuë une foible colomne de lumière, qui s'élargit à mesure qu'elle s'éloigne de la tête, & qui souvent s'étend à travers les constellations éloignées : telles sont ces lueurs passagères qui paroissent monter de l'horizon jusqu'au zénith durant l'apparition d'une aurore boréale. Cette queuë augmente en longueur à mesure que la Comète s'approche du Soleil, & diminue à mesure qu'elle s'en éloigne. Sa direction est toujours à peu près opposée au Soleil. Quelquefois l'atmosphère cométique prend une forme différente, elle environne également le noyau de tous cotés, & alors elle paroit comme un foible nuage, ou selon quelques-uns, comme une touffe de cheveux ; c'est de là qu'on a donné à la Comète l'épitête de Chevelue.

Une Comète n'offre aux yeux cette dernière figure, que lors qu'on commence à l'appercevoir dans sa descente vers le Soleil, pourvû que le Soleil & la Comète soient dans des hémisphères opposés ; elle peut aussi avoir lieu dans quelques-autres situations, & conformément aux règles de l'optique, lors même que la Comète se présenteroit à des spectateurs

tateurs dans d'autres parties de notre systême avec une queuë d'une énorme longueur.

Il a été suffisamment démontré par Mrs. *Newton* & *Halley*, & par d'autres, que ces corps sont sujets, comme les autres globes du systême solaire, à la loi de la gravitation mutuelle; qu'ils regardent le Soleil comme leur centre commun de gravité, & se meuvent conséquemment autour de lui, en décrivant des sections coniques, & entrainant avec eux leurs atmosphères ou leurs queuës. D'un côté leurs orbites diffèrent beaucoup de la figure d'un cercle; de l'autre, depuis que *Newton* a découvert une méthode pour calculer leurs cours par des observations, on n'a jamais trouvé qu'elles décrivissent des hyperboles: & quoique les places, qu'on a observé qu'elles occupent dans le court espace de leurs orbites, dans lequel elles sont visibles pour nous, s'accordent avec les places calculées, dans la supposition qu'elles se meuvent dans des paraboles, cependant comme les révolutions périodiques de quelques-unes, ont été confirmées par leur retour régulier après certains intervalles, les Astronomes s'accordent à dire qu'elles se meuvent véritablement dans des orbites elliptiques, quoique fort ex-centriques : ces ellipses, près des extrêmités de leurs axes transverses, ne diffèrent pas sen-siblement des paraboles.

On tachera dans cet Essai :

1. D'expliquer les phénomènes des queuës des Comètes par des principes philosophiques.

2. D'indiquer pour quelle fin les Comètes sont probablement destinées.

Mr. *Newton* a suffisamment prouvé que les queuës des Comètes sont composées d'une matière fluïde extrêmement rare, sortant de leurs têtes quand elles approchent du Soleil, & visible par la réflexion de sa lumière (1). Mais quelle peut être la cause naturelle qui fait que les atmosphères cométiques s'élancent à travers des espaces si immenses? C'est une question qui reste encore à décider, puisque jusqu'à ce jour, on n'en a pas encore rendu des raisons satisfaisantes. C'est donc pour donner une solution raisonnable de ce phé-nomène curieux, que je soumets les proposi-tions & observations suivantes au jugement

(1) Voyez *Newton. Princip. Lib.* III. *Prop.* XLI.

du Lecteur. Cependant je dois avertir, que ce sujet étant purement physique dans sa nature, on ne doit pas s'attendre à une rigide démonstration mathématique.

Voici ce que je tacherai de prouver:

1. Que les Planètes principales, les Comètes, & le Soleil, sont entourés d'atmosphères.

2. Que ces atmosphères sont composées du même fluide que l'atmosphère de la Terre, c'est-à-dire d'air.

3. Qu'elles se repoussent mutuellement les unes les autres, au-lieu que les globes qu'elles environnent, sont dans un état d'attraction, ou de gravitation mutuelle.

I. Comme la preuve de l'existence des atmosphères du Soleil, des Planètes & des Comètes, dépend de différentes observations astronomiques, il est nécessaire de parler de chacune d'elles en particulier.

1°. La Terre que nous habitons, & qui est une Planète très inférieure en grosseur & en situation à quelques autres, en a une. Le témoignage de nos sens nous en fournit la preuve la plus convaincante. D'ailleurs nous favons tous que l'air, dont la Terre eſt environnée de toutes parts, eſt eſſentiel à la reſpiration, & par conſéquent à la vie.

2°. Mars a une atmoſphère, & une atmoſphère très étendue, c'eſt ce que démontre une étoile fixe que cette Planète dérobe à nos yeux à ſon approche (1). L'étoile en effet diſparoit à une certaine diſtance de la Planète, ſans avoir été viſiblement en contaƐt avec ſon disque, comme Mr. *Caſſini* l'a obſervé le 1. OƐtobre 1662. La même choſe a été obſervée à Rome par Mr. *Roemer*. L'étoile n'a été viſible après le paſſage, qu'à une certaine diſtance du disque de la Planète.

3°. Les bandes de Jupiter varient continuellement par rapport à leur forme, leur grandeur & leur ſituation (2). Et l'on ne peut rendre aucune raiſon de cette variation, à moins qu'on ne ſuppoſe que ce ſont des exhalaiſons & des nuages flottans dans une atmoſphère qui environne ſon globe (3).

(1) Voyez l'*Optique de Smith vol.* II. *pag.* 430.
(2) Idem *pag.* 433.
(3) *Newton* dit que ces bandes ſont formées dans

4°. Mr. *Halley* a découvert quelques bandes semblables dans Saturne, avec un télescope à réflexion de cinq pieds, ainsi que Mr. *Pound* avec la lunette de *Huygens*, quoiqu'elles ne paroissent que fort foiblement, vû la grande distance de cette Planète (1).

Ces bandes sont probablement aussi variables que celles de Jupiter, & naissent des mêmes causes.

5°. On peut conclure aussi, que Vénus a une atmosphère, par les taches variables qu'on a observées sur sa surface (2), & qui probablement sont du même genre que les bandes de Jupiter, ou les nuées qui flottent dans notre propre atmosphère, & en ont par conséquent une pareille pour les soutenir (3). Mais pour prouver son existence, nous n'avons pas besoin de remonter plus haut que le dernier

les nuées de cette Planète, *Princip. L. III. Lemma, Prop.* XXXIX.

(1) *Smith Opt. pag.* 441.   (2) Idem *pag.* 421.
(3) Si les bandes ou taches étoient réellement attachées à leurs globes respectifs, & en faisoient partie, elles paroîtroient toujours invariablement les mêmes, & dans les mêmes situations que celles de la Lune, à laquelle on n'a pas encore pu découvrir une atmosphère.

paffage de Vénus fur le disque du Soleil en 1769. Alors l'atmofphère elle-même étoit vifible, & dans des différentes fituations, rélativement aux différens points d'où on l'obfervoit (1).

6°. Mercure eft trop proche du Soleil pour nous fournir de telles obfervations : mais fi nous fuppofons fon globe habité, il n'a pas moins befoin d'une atmofphère qu'une autre Planète.

7°. On tient déjà pour fûr, que les Comètes font environnées d'atmofphères, parce que cela eft évident. Mr. *Newton* a conclu de diverfes obfervations, que leurs diamètres font au moins égaux à dix diamètres de leurs noyaux ou globes folides (2).

8°. Que le Soleil ait une atmofphère proportionnée à fa prodigieufe grandeur, c'eft ce que rendent très probables les taches qu'on découvre fréquemment fur fon disque. Souvent ces taches paroiffent & disparoiffent tout-

(1) Voyez *Transactions of the American Philofophical fociety of Philadelphia*, pag. 42. & *Obfervations by Mr. Benjamin Weft*, at *Providence*, N. E. pag. 16.
(2) Voyez les *Princip. Lib.* III. *Prop.* XLI.

d'un-coup; quelquefois elles changent de forme, même fous les yeux du fpectateur. Par conféquent elles ne peuvent être que des nuages énormes de fumée ou d'autres vapeurs flottantes dans une pareille atmofphère. Je dis énormes: leur étendue en effet eft fi immenfe, qu'elle furpaffe fouvent toute la fuperficie de notre Terre.

Mr. *Derham* qui les a particuliérement obfervées, indique une caufe qui quadre parfaitement avec leurs phénomènes. Il les fuppofe des volumes immenfes de fumée, produits par des éruptions de feu, ou par des volcans, qui éclatent fouvent au-deffus de la furface du Soleil (1). Ces taches, lorsqu'elles font grandes, continuent quelquefois à paroitre pendant une révolution entière du Soleil autour de fon axe, ou environ vingt-cinq jours; & c'eft par le retour régulier de ces taches fur la même partie de fon disque, que cette révolution a été déterminée. Mais de tels nuages, s'ils n'étoient pas foutenus par une atmofphère, retomberoient fur

(1) Voyez *Philofophical Transactions* n. 330. pag. 270.

le Soleil, immédiatement après que ces ex-
plofions, qui les avoient occafionnés, cefle-
roient : de même que nous voyons les vapeurs produites dans le vuide defcendre au fond
du récipient, faute d'air pour les foutenir.

II. Nous tacherons à préfent de prouver,
que les atmofphères des Planètes, des Comètes, & du Soleil, font formées par le même
fluïde élémentaire, que celui qui forme l'atmofphère de la Terre, favoir l'AIR.

L'air, quand il eft pur, eft un fluïde transparent, & élaftique au suprême dégré ; car
il peut être comprimé & dilaté à l'infini :
qualités véritablement caractériftiques. Nous
ne connoiffons point d'autre fluïde qui ait
ces propriétés.

Nous devons obferver ici, que sur notre
globe, qui (comme nous l'avons déjà remarqué) eft lui-même une Planète, l'air eft ab-
folument néceffaire, tant pour la confervation
de la vie animale, que pour l'exiftence de la
flamme. Dans un récipient de verre les petits animaux périffent, & les chandelles allumées s'éteignent immédiatement après qu'on
en a pompé l'air.

Il paroit que le pouvoir explosif des vapeurs allumées, dépend auffi de l'air : car la
poudre à canon même, qui agit plus forte-
ment qu'aucune autre invention de l'art humain, mife en feu dans le vuide avec un fer
ardent, fe confumera, mais ne s'enflammera
point & n'éclatera jamais. Ceux qui font ver-
fés dans la Philofophie expérimentale, con-
viennent généralement, que cette qualité de
l'air qui vivifie & enflamme, dépend de fon
élafticité, ou de la puiffance active & centrifuge de fes particules, que nous exami-
nerons dans la fuite.

Prouvons à préfent 1°. que les atmofphères
des différens globes de notre fyftême, font
des fluïdes transparents; ce que nous pouvons
tenir pour évident, fi nous confidérons les
divers phénomènes qui le conftatent.

Il a déjà été démontré, que Mars eft environné d'une atmofphère d'une fort grande étenduë, qui, fi elle n'étoit pas transparente,
auroit échappé à la connoiffance des Aftronomes, tout le tems que l'étoile dont nous
avons parlé ci-deffus, auroit été cachée.
En effet, fi elle étoit opaque, elle auroit,

en réfléchissant les rayons du Soleil, aussi bien que par son défaut de transparence, caché la Planète elle-même, & les observateurs auroient confondu l'une avec l'autre (1). Dans ce cas, le moment où l'étoile se cacheroit, & celui où elle toucheroit visiblement le disque de la Planète, auroient été les mêmes. Mais au-contraire l'éclipse de l'étoile, avant qu'un tel contact arrive, démontre clairement la réfraction de ses rayons dans un milieu transparent dont la Planète est entourée.

Les changemens qu'on peut observer dans ces collections flottantes de matière hétérogène, dont les bandes & les taches des autres Planètes & du Soleil sont composées, n'auroient jamais été découverts par la même raison, si ces collections n'étoient pas soutenuës par un fluïde transparent au-dessus des surfaces de leurs globes respectifs.

La transparence des atmosphères cométiques est incontestable, puisque leurs noyaux ont été fréquemment apperçus à travers,

____

(1) Mr. *Newton* conclut de même, que la Terre, contemplée des Planètes, reluiroit sans doute & seroit cachée par la lumière de ses nuées. Voyez ses *Princip. Lib.* III. *Lemm.* IV.

quoique ces atmosphères occupent des espaces qui surpassent de beaucoup le diamètre
de la Terre ; & puisque les plus petites étoiles
sont visibles au travers des queuës qui en sor-
tent, & qui en sont seulement des extensions.
Ces queuës nous fournissent une démonstration d'une force surprenante de dilatation,
d'où l'on est autorisé à conclure, qu'elles peuvent être reduites en un plus petit espace par
la compression, & qu'elles sont élastiques.

2°. Quoique les annales de l'Astronomie ne
fournissent point d'observations qui prouvent
cette élasticité dans les atmosphères planétaires ; cependant comme on suppose, & avec
de très fortes raisons, que les Planètes sont
des mondes habités, on présume, & avec de
très grandes probabilités, qui approchent de
la démonstration, que leurs atmosphères sont
destinées à répondre au même but que celle
de notre Terre ; qu'elles ont les mêmes qualités nécessaires, comme chez nous, pour la
conservation de la vie animale ; qu'elles sont
par conséquent élastiques, aussi bien que trans-
parentes, & qu'ainsi elles ressemblent à notre air.

Le Soleil par son éclat excessif dérobe entiérement son atmosphère à notre vue. Mais
si nous le considérons comme un globe immense de feu, fait pour échauffer & éclairer
le système entier, nous pouvons bien supposer, qu'il doit absolument être environné
de ce fluide, qui (selon que nous l'avons déjà
observé) est chez nous essentiel pour la flamme, & sans lequel elle ne pourroit subsister
un instant. Quelques Auteurs à la vérité,
ont prétendu, & non sans fondement, que
le Soleil n'est point un corps de feu, comme
on le croit généralement. Le Docteur *Knigth*
en particulier, dans son curieux Traité sur
l'Attraction & la Répulsion, deux principes
par lesquels il tache de résoudre tous les phénomènes de la Nature, semble penser que les
habitans du Soleil, s'il est habité, ont plus
à souffrir du froid que du chaud (1).

(1) Voyez la *pag.* 58. de ce Traité, dont le titre est, *An Attempt to demonstrate, that all the
Phænomena in Nature, may te explained by two
simple active principles, Attraction and Repulsion.*
L'Auteur en parlant du Soleil & des Etoiles fixes,
se sert de ces expressions remarquables: „Leurs glo-
„bes ne seront pas longtems regardés comme des

Mais de quelque substance que soit le corps du Soleil, les observations de Mr. *Derham* ne permettent pas de douter, que ces taches, tant obscures que brillantes, qu'on voit souvent sur son disque, ne soient causées par des explosions de volcans: les taches brillantes étant seulement l'apparition des flammes, après que la fumée épaisse qui accompagne ces explosions, est dissipée ou éloignée (1). Or il est certain, que sur notre globe l'air est aussi nécessaire aux flammes du mont Ethna & aux éruptions du Vésuve, qu'à la simple lueur d'une chandelle & à l'explosion de la poudre à canon: d'où nous pou-

,, gouffres affreux de feu, mais comme des mondes
,, habités. Les Philosophes qui les ont crus des sé-
,, jours trop chauds pour être habités, même par
,, des Salamandres; ou ceux qui les ont regardés
,, comme autant d'enfers, craindront maintenant que
,, leurs habitans ne soient gelés de froid." Cependant le Docteur *Knigth* conclut de ses propres principes, que le Soleil est entouré d'une immense atmosphère aérienne fort condensée: en effet dans la *page précédente* il dit, ,, La pésanteur immense de
,, l'atmosphère solaire doit rendre la densité de son
,, air si grande auprès de sa surface, que ce qui
,, donneroit un son qu'on pourroit à peine entendre
,, chez nous, y produiroit un bruit étonnant."
(1) Voyez *Philosophical Transactions*, n. 330, pag. 270.

vons conclure, qu'elle est également nécessaire à ces volcans prodigieux du Soleil.

On a donc prouvé, autant que la nature de la chose peut le permettre, que les corps célestes sont environnés d'atmosphères, & que ces atmosphères consistent dans des fluides élastiques & transparents, comme l'air qui entoure notre Terre.

III. Il nous reste à prouver, que les atmosphères du Soleil, des Planètes & des Comètes, se repoussent mutuellement l'une l'autre, au-lieu que les globes solides qu'elles entourent, se trouvent dans un état d'attraction mutuelle ou de gravitation.

Il faut remarquer ici, que Mr. *Newton*, Auteur du système philosophique des cieux, que nous adoptons, lorsqu'il parle de la gravitation, raisonne en descendant du plus grand au plus petit, c'est-à-dire, des mondes aux atomes. Ainsi après avoir prouvé mathématiquement, d'après les observations astronomiques, que tous les globes du système solaire, tant le Soleil que les Planètes & les Comètes, gravitent ou tendent mutuellement les uns vers les autres ; & que cette attraction réciproque eſt proportionnée à la quantité de matière qu'ils contiennent ; il conclut avec beaucoup de raiſon, que chaque particule, dans chacune de leurs différentes maſſes, attire & eſt attirée par autant d'autres particules contenues dans chacun de ces globes par toute l'étendue du ſyſtême ſolaire.

Mais comme les cieux ne fourniſſent guères de phénomènes, dont nous puiſſions directement & certainement déduire l'exiſtence ou l'étendue univerſelle du principe oppoſé de répulſion, ſubſiſtant entre les atmoſphères des corps céleſtes, nous ſommes par conſéquent obligés de nous ſervir d'une méthode contraire ; c'eſt-à-dire, de raiſonner en montant des puiſſances & des propriétés que nous trouvons, par leurs effets, appartenir à ces petites portions d'air ſur leſquelles nous ſommes en état de faire des expériences, aux effets que les mêmes puiſſances & propriétés doivent produire naturellement dans ces vaſtes collections d'air qui compoſent les atmoſphères des différens globes : & ſi en traçant pas à pas les opérations néceſſaires de ces puiſfances, nous pouvons enfin arriver à quelqu'un des grands phénomènes de la Nature, nous pouvons alors à très juste titre conclure, que ces phénomènes font les effets de ces puiffances.

Nous tacherons donc de prouver par l'autorité des meilleurs Ecrivains, ainsi que par des expériences que chacun peut faire, les propofitions fuivantes:

1°. Il y a une répulfion mutuelle entre les particules de l'air, par laquelle elles s'efforcent continuellement à s'éloigner les unes des autres; ce qui fait que ce fluïde eft indéfiniment dilatable par l'activité centrifuge de fes parties, & qu'il peut être comprimé par quelques puiffances ou forces étrangères.

Le favant Mr. *Boyle* a trouvé par des expériences, que l'air pourroit être fi fort raréfié, qu'il rempliroit 13769 fois l'efpace qu'il remplit dans fon état naturel auprès de la furface de la Terre (1). D'autres expériences prouvent, que l'air peut être tellement
ment

(1) Voyez l'*Abregé des Ouvrages de Boyle par le Docteur Shaw*, *vol.* I. *pag.* 551.

ment condenfé, qu'il fera contenu dans $\frac{1}{60}$ partie de ce dernier efpace (1). Par conféquent en multipliant 13769 par 60, il paroit que les efpaces cubiques qu'il peut remplir dans différentes circonftances, font entr'eux comme 826140 à 1. Or la racine cubique de 826140 eft à-peu-près 94 : les diftances entre les centres des particules peuvent donc être comme 1 à 94, & cela par l'effet de leur force centrifuge.

Mr. *Newton* va plus loin; il conclut auffi d'après des expériences, que cette puiffance répulfive eft fi grande, qu'un pouce cubique d'air, condenfé comme il l'eft près de nous, s'il étoit éloigné d'un demi diamètre de la Terre au-deffus de fa furface, où il feroit exempt de la preffion de l'atmofphère, s'étendroit, en vertu de cette puiffance, jufqu'à remplir toute la fphère de l'orbe de Saturne, & même encore au-delà (2).

2°. Cette répulfion mutuelle des particu-

(1) Voyez *Martin's Philofophical Grammar.* pag. 158.
(2) *Princip. Lib.* III. *Prop.* XLI.

C

les de l'air, est beaucoup augmentée par la chaleur : car si on met devant le feu une vessie remplie d'air, seulement à moitié & bien fermée, la force de dilatation, que cet air enfermé acquiert par la chaleur, fera enfler la vessie jusqu'à la faire crever avec bruit.

3°. Les particules d'air, quoiqu'elles se repoussent mutuellement, se trouvent toujours par rapport à d'autres matières, dans l'état commun de gravitation ou d'attraction. Cela paroit en ce qu'elles sont condensées dans la forme d'atmosphère autour des globes solides de notre systême, & qu'elles les accompagnent dans toutes leurs révolutions.

4°. La force répulsive des particules d'air est infiniment plus grande rélativement à la quantité de la matière repoussante, que l'attraction mutuelle qui a lieu entre les particules solides de la matière attirante.

La vérité de cette proposition paroitra au moins très probable, si nous considérons que la quantité de la matière que notre air contient près de la surface de la Terre, & qui gravite en commun avec toute autre matière vers son centre, est si petite, quoique con-

denſée par la peſanteur de toute l'atmosphère dont elle eſt chargée, qu'une pinte d'air ne
pèſe pas plus de huit grains, comme l'expérience le prouve. Néammoins la puiſſance
répulſive de ſes particules eſt ſi grande, qu'u-
ne petite partie condenſée dans le tuyau
d'un fuſil à vent, ſuffit, lors qu'on la lâche
ſubitement, pour faire ſortir la bale, ſinon
avec autant de bruit, du moins avec autant
de force & des effets auſſi violents, que ceux
de la poudre à canon.

Prouvons maintenant la propoſition ſuivan-
te. Si deux corpuſcules de matière ſe trouvent dans un état de répulſion mutuelle à
une certaine diſtance donnée, comme A B,
(Fig. 1.) où ils ſe repouſſent avec une force
donnée, ſuppoſée $= 1$. & ſi cette répulſion diminue à meſure que les diſtances, A c.
A d. A e. A f. &c., ou que les quarrés, les
cubes, ou d'autres puiſſances plus hautes de
ces diſtances, augmentent, alors l'étendue de
cette répulſion ſera indéfinie.

Car ſuppoſons que A & B ſoient deux particules qui ſe repouſſent mutuellement à la
diſtance A B. avec une force $= 1$. Conti-

nuons la ligne A B indéfiniment par les points également diftans *c. d. e.* &c.; que la particule A foit fixée, mais B mobile : fuppofons d'abord que cette puiffance diminue fimplement en même proportion que les diftances augmentent. Alors fi nous fuppofons que la particule B paffe fucceffivement par *c, d, e* &c. cette force ou puiffance fera en $c = \frac{1}{2}$,

en $d = \frac{1}{3}$, en $e = \frac{1}{4}$, &c. à l'infini.

Secondement, fi elle diminue comme les quarrés augmentent, elle fera

en $c = \frac{1}{4}$, en $d = \frac{1}{9}$, en $e = \frac{1}{16}$, &c. à l'infini.

Troifièmement, fi elle diminue comme les cubes augmentent, elle fera

en $c = \frac{1}{8}$, en $d = \frac{1}{27}$, en $e = \frac{1}{64}$, &c. à l'infini.

Quatrièmement, fi elle diminue comme les quarrés-quarrés augmentent, elle fera

en $c = \frac{1}{16}$, en $d = \frac{1}{81}$, en $e = \frac{1}{256}$, &c. à l'infini.

Et ainfi fans bornes.

Or quelle que foit la diftance fuppofée entre deux particules, & quel que foit l'expofant de

la puiſſance qui exprime la raiſon de la diminution de leur force répulſive, on pourra
toujours exprimer cette force par une fraction dont le numérateur eſt 1, & le dénominateur égal à la diſtance donnée, portée au dégré exprimé par l'expoſant de la puiſſance aſ-
ſignée, comme on le voit par l'inſpection des
fractions précédentes. Elle ne peut jamais par
conſéquent devenir égale à rien, avant que le
dénominateur de la fraction devienne infini;
ce qui ne peut jamais arriver à aucune diſtance
donnée, quelque grande qu'elle ſoit : c'eſt
pourquoi l'étendue de cette répulſion mutuelle eſt in définie.

Dans les raiſonnemens mathématiques les
plus petites quantités ne doivent jamais être
mépriſées, à moins qu'on ne les ſuppoſe plus
petites qu'aucune quantité aſſignable, comme dans les fluxions &c.

Or toutes les maſſes immenſes du ſyſtême
ſolaire, ſont compoſées de particules de matière d'une petiteſſe inconcevable : ainſi les
effets méchaniques qu'elles opèrent les unes
ſur les autres, ſont proportionnés aux nom-
bres des particules dont elles ſont compoſées;

& quoique les effets mutuels de deux simples particules, à une distance donnée, pourroient être indéfiniment petits ; cependant il est facile de comprendre, que lorsque de telles particules sont en nombre indéfini & réunies en une seule masse, & que leur action part d'un centre commun, il est, dis-je, facile de comprendre, qu'alors leur influence peut être aussi étendue que le systême solaire, & peut-être que tout l'Univers matériel. C'est ainsi que le Soleil, par la force attractive & réunie des particules qui le composent, dirige le mouvement des Comètes, même à leur aphélie, où leur distance de cet astre surpasse toute imagination, puisque quelques-unes s'en écartent à plusieurs milliers de millions de milles. Cependant non-obstant ces distances immenses du Soleil, elles sont retenues par son influence dans leur propre orbite sans aucune déviation, jusqu'à ce qu'enfin elles soient ramenées vers lui, les unes après une révolution de quelques centaines d'années, & d'autres peut-être après quelques milliers d'années. En produisant cet effet, chaque particule de matière dans le Soleil, quelque petite qu'elle soit, a sa part dans cette opération.

D'un autre côté les atmosphères des corps célestes consistent en des particules qui se repoussent mutuellement ; elles ne sont point réunies en une seule masse solide ; cela seroit incompatible avec leur fluïdité ; mais attirées par le globe qu'elles environnent, elles forment autour de lui une couche de matière fluïde & condensée.

Dans ce cas aussi, quoique la répulsion mutuelle entre deux simples particules soit, à une distance donnée, indéfiniment petite ; cependant deux atmosphères, composées de pareilles particules ainsi condensées, pourroient agir l'une sur l'autre, à une aussi grande distance, qu'est celle jusqu'où s'étend l'attraction des globes. Leur force répulsive réunie opéreroit de même en agissant & partant d'un centre, commun à toutes ces particules.

Supposons, pour un plus grand éclaircissement, cette puissance répulsive entre les particules A & B (Fig. 1.) diminuant comme les quarrés des distances augmentent ; alors à

une distance égale à 10000000 AB, ou en
d'autres termes, les particules A & B étant
l'une de l'autre à une distance cent millions
de fois plus grande que celle qui est repré-
sentée dans la figure, leur force répulsive
seroit égale à $\dfrac{1}{10000000000000000}$ ou à une
dix - millième - millionième de millionième partie
de ce qu'elle est à la simple distance AB.
Cette force, quoique très - petite à la vérité,
est cependant quelque chose : car la même
distance restant, savoir 10000000 AB ; si
dix - mille - millions de millions de telles particules, de même grosseur & de même force
répulsive, étoient condensées autour du point
A, comme centre, alors la force répulsive
entre la masse A, & la particule B, seroit
égale à celle qui subsiste entre les deux particules A & B, à la distance AB. Supposons encore une fois, que la même distance,
savoir 10000000 AB reste, & que la particule B a autant de particules répulsives
condensées autour d'elle, que nous en a-
vons supposé autour d'A ; alors la puissance répulsive, subsistant entre les deux

masses, sera dix-mille-millions de millions de fois plus grande qu'entre les deux particules A & B, à la distance A B.

Nous avons vu que l'air consiste en particules douées d'une telle force répulsive, & nous ne pouvons découvrir par aucune des expériences, faites jusqu'à présent dans ce but, que cette répulsion soit limitée : au contraire, si à d'autres expériences, nous ajoutons le raisonnement de Mr. *Newton*, fondé sûr quelques-unes qu'il a faites lui-même, nous devons conclure, qu'elle n'a point de bornes ; qu'elle s'étend jusqu'à un espace indéfini, & que par conséquent cette force répulsive des particules de l'air diminue régulièrement à mesure que leurs distances augmentent, en suivant ou la raison de ces distances simples, ou celle de leurs quarrés, ou celle de leurs cubes, ou de quelqu'autre puissance.

Si nous raisonnons mathématiquement, il paroit plus convenable de supposer, que toute force, soit attractive, soit répulsive, qui agit en droite ligne, en tendant au centre des corps qui attirent, ou en partant de ce-

lui des corps qui repouſſent, ſuit la raiſon inverſe des quarrés des diſtances de ces centres.
Car ſi nous conſidérons cette force comme
repréſentée par des lignes ou des rayons con-
vergens de tous les points de la concavité viſible des cieux vers un centre donné, dans
le cas de l'attraction, ou divergens de ce
même centre, dans le cas de la répulſion;
& ſi nous ſuppoſons un corpuſcule matériel
placé dans quelque partie de cet eſpace, le
nombre de ces rayons qui tombent ſur lui,
& qui en ſont interceptés, ſoit qu'ils ſoient
convergents ou divergents, ſera dans cette
même raiſon, c'eſt-à-dire, qu'il ſera en raiſon inverſe des quarrés des diſtances de ce
corpuſcule au point central. Rien n'eſt plus
facile que d'en donner une démonſtration mathématique, & même très ſimple; mais je
l'omets ici, parce qu'elle a été ſouvent donnée par d'autres; & c'eſt d'elle que dépend
la vérité de ce que dit Mr. *Newton*, ſavoir,
,, que la denſité des rayons ſolaires eſt réci-
,, proquement comme les quarrés des diſtan-
,, ces où ils ſont du Soleil.'' Propoſition
d'où il déduit les proportions de lumière &

de chaleur dont jouissent les diverses Planètes de notre système.

Si nous concevons que des rayons, qui suivent cette règle de densité, se meuvent avec une vitesse uniforme, & qu'ils aient une force quelconque, par laquelle, s'ils sont convergents, ils poussent le corpuscule vers le point central, ou l'en éloignent, s'ils sont divergents; alors, comme tout l'effet de leur force seroit proportionné au nombre des rayons interceptés, ce corpuscule tendroit au centre ou s'en éloigneroit, c'est-à-dire, qu'il seroit attiré, ou repoussé, suivant cette même raison inverse des quarrés des distances. Les observations astronomiques démontrent, que l'attraction de la gravitation est réglée par cette loi.

Mais Mr. *Newton* conclut d'expériences, auxquelles toutes les opinions spéculatives doivent céder, que la répulsion mutuelle, qui a lieu entre les particules de l'air, est réciproquement comme leurs distances, ou à-peu-près (1).

Si c'est là le cas, deux de ces particules,

(1) *Newt. Princip. Lib.* II. *Prop.* XXIII.

& par conséquent deux masses fluïdes qui en
seroient composées, agiront l'une sur l'autre
avec beaucoup plus de force, que si leurs
effets étoient en raison inverse des quarrés des
distances, comme nous venons de les supposer. Cela paroitra évident, si l'on jette les
yeux sur la table suivante, dont la première
ligne représente l'augmentation des distances,
suivant une progression arithmétique : la seconde, la diminution de la force répulsive,
suivant la simple raison inverse des distances :
la troisième, la diminution de cette même
force, en raison inverse des quarrés des distances.

Distances A B.   0. 1. 2. 3. 4. 5. 6. 7. 8.

Raison inverse de ces distances. $0. \; 1. \; \frac{1}{2}. \; \frac{1}{3}. \; \frac{1}{4}. \; \frac{1}{5}. \; \frac{1}{6}. \; \frac{1}{7}. \; \frac{1}{8}.$ &c.

Raison inverse des quarrés de ces distances. $0. \; 1. \; \frac{1}{4}. \; \frac{1}{9}. \; \frac{1}{16}. \; \frac{1}{25}. \; \frac{1}{36}. \; \frac{1}{49}. \; \frac{1}{64}.$

Ici il est évident que, si la répulsion diminue simplement comme la distance augmen-

te, à la distance 3 A B, la force répulsive sera égale à $\frac{1}{3}$; mais que si elle diminue comme les quarrés des distances augmentent, elle sera dans le même éloignement égale seulement à $\frac{1}{9}$. A la distance 5 A B, dans le premier cas, elle sera $\frac{1}{5}$, & dans le second $\frac{1}{25}$; à la distance 8 A B, dans le premier cas, elle sera $\frac{1}{8}$, & dans le second $\frac{1}{64}$ &c. Mais 3 est la racine quarrée de 9, ou $\frac{1}{3}$ de $\frac{1}{9}$, $\frac{1}{5}$ de $\frac{1}{25}$, & $\frac{1}{8}$ de $\frac{1}{64}$.

Il suit donc de là, que si la force répulsive diminue en effet simplement comme les distances augmentent, la quantité de cette force, à une distance quelconque donnée, est plus grande, en raison directe de cette distance, que si elle diminuoit en raison des quarrés des distances. Par conséquent les effets sensibles de ces deux masses fluides, que nous avons supposées condensées autour des particules A & B , s'étendront à proportion plus loin.

Or que font les atmosphères du Soleil, des Planètes & des Comètes, finon d'immenfes collections de ces particules répulfives d'air , condenfées autour de leurs globes refpectifs , par l'effet de la gravitation mutuelle, comme nous les avons déjà fuppofées autour des corpufcules A & B (Fig. 1.)? Mais fi fuivant *Newton* une petite quantité de notre air , dont le volume ne furpafferoit pas un pouce cubique , laiffée à elle-même feulement à la hauteur d'un demi diamètre de la Terre , peut déployer une force répulfive affez grande pour qu'elle rempliffe la fphère entière de l'orbe de Saturne , il s'enfuit manifeftement, que les atmofphères , dont nous venons de parler, qui confiftent en des maffes énormes de ce même fluide , peuvent étendre leurs influences pour le moins auffi loin. La condenfation de chacune d'elles, autour de fon propre globe, en vertu de leur gravitation mutuelle préviendra bien la difperfion des particules qui les compofent, & empêchera qu'elles ne fe confondent avec les atmosphères des Planètes voisines ; ce qui arriveroit indubitablement, quelque grande que fut leur distance, si la cause de cette condensation venoit à cesser ; cependant il n'est point impossible, il est même très probable, que dans certaines circonstances deux de ces atmosphères puissent agir physiquement l'une sur l'autre d'une manière très sensible. Car si nous supposons que deux Planètes égales, entourées de leurs atmosphères (comme A & B. Fig. 2.), passent près l'une de l'autre ; ces atmosphères étant fluïdes au suprême dégré, céderont à la plus petite force extérieure, & en conséquence de leur répulsion mutuelle elles s'éloigneront l'une de l'autre. Mais les attractions de leurs globes respectifs empêcheront qu'elles ne les abandonnent entièrement ; chacune de ces atmosphères, se retirera de façon qu'elle sera comprimée vers le coté qui regarde celle qui lui est opposée, & s'enflera vers l'autre coté ; & ainsi leurs figures, qui étoient sphériques, se changeront en sphéroïdes oblongs, comme on le voit en C & D (Fig. 2.). Mais j'avance ceci dans la supposition que les deux globes sont égaux ; &

que leurs atmosphères sont auffi égales. A
préfent fi nous fuppofons que le corps A eft
un globe immenfe, tel que le Soleil, & qu'il
foit environné d'une atmosphère étendue à
proportion (1), & qui contienne par conféquent plufieurs milliers, ou peut-être quelques millions de fois la quantité de ce fluïde
répulfif qui compofe l'atmofphère du corps B,
lequel nous pouvons confidérer comme une
Comète égale en grandeur à la Terre, mais
en-

(1) L'atmofphère folaire eft affez denfe à la hauteur de 7000 ou 8000 milles, ou de 1.137ᵐᵉ. partie du diamètre du Soleil, au-deffus de la furface,
pour foutenir les nuages immenfes de fumée, qui
nous paroiffent des taches fur fon disque. Voyez
la *page* 25. des *Cogitata de Cometis* de Mr. le Pro-
feffeur *Winthrop*. Si donc l'atmofphère du Soleil
eft compofée d'air, comme nous avons tâché de le
prouver, & fi les vapeurs & les nuages folaires font
de même nature que les nôtres, & s'ils ont befoin
comme eux d'une certaine denfité d'air, pour être
foutenus en équilibre, il fuit que la denfité de l'air,
dans l'atmofphère du Soleil, eft auffi grande à la
hauteur de 7000 milles, au-deffus de fa furface, que
celle de notre air à la hauteur de 3 ou 4 milles feulement au-deffus de la furface de la Terre: hauteur
que nos nuées ne furpaffent probablement jamais.
De quelle étendue doit donc être l'atmofphère entière du Soleil?

entourée, comme les autres Planètes du même genre, d'une atmosphère fort étendue,
en comparaison de la grandeur du globe même; & si nous supposons encore que les effets visibles de répulsion mutuelle qu'éprouvent ces atmosphères, sont réciproquement
comme les quantités du fluïde répulsif qu'elles contiennent, l'atmosphère de la Comète
sera prodigieusement allongée en approchant
du Soleil, & repoussée à une grande distance au-delà du noyau; tandis que dans le même
tems la forme naturelle ou sphérique de l'atmosphère du Soleil ne sera pas sensiblement
dérangée par celle de la Comète. Ce raisonnement recevra un nouveau dégré de force, si
l'on considère les effets du principe contraire d'attraction ou de gravitation mutuelle,
subsistant entre les globes mêmes; effets
qu'on peut démontrer mathématiquement,
aussi bien que par des observations astronomiques. Il est très certain, que les Comètes font leur révolution autour du Soleil, en
conséquence de cette gravitation mutuelle,
dans des orbites très excentriques, & à peu
près paraboliques: cependant il est probable,

D

que les efforts réunis de toutes les Comètes qui ont jamais paru, pourroient à peine troubler le repos du Soleil dans le centre du fyſtème.

Une Comète en deſcendant à travers les orbes planétaires, s'approche du Soleil avec une viteſſe accélerée, jusqu'à ce qu'elle parvienne à ſon périhélie, & cela en pénétrant de plus en plus dans les ſphères de la répulſion de l'atmosphère du Soleil, & de l'activité de ſes rayons: d'où il ſuit, que l'atmosphère comérique ſe raréſie continuellement pendant cette deſcente, tant par l'effet de cette répulſion qui augmente ſon étendue, que par la chaleur qu'elle acquiert de plus en plus, à meſure qu'elle approche du Soleil; chaleur qui, comme on l'a déjà obſervé, contribue beaucoup à la répulſion des particules du fluïde aërien. Si l'on admet le concours de ces deux cauſes, il faudra convenir qu'il doit néceſſairement ſe former une queuë, dont la longueur dépend en partie de la quantité d'air contenue dans l'atmosphère cométique, & en partie de ſa proximité à celle du Soleil, & qui par conſéquent doit croître jusqu'à ce que la Comète arrive à son périhélie ; ou plutôt, par l'effet de l'action continuée de ces deux causes, jusqu'à ce qu'elle soit un peu au-delà : ce qui s'accorde mieux avec les observations. Quand la Comète est parvenue à ce point de sa révolution, si elle passe fort près du Soleil, sa queuë s'étend ordinairement depuis sa tête dans les vastes régions de l'espace, & forme ainsi un spectacle curieux pour les mondes éloignés.

Si l'atmosphère d'une Comète n'étoit composée que d'un fluïde destitué de toute élasticité, & qu'elle fut ainsi repoussée par l'atmosphère du Soleil, elle prendroit la forme d'un sphéroïde oblong, dont les deux extrémités seroient terminées par une surface courbe régulière, comme on le voit en A & en *a* (Fig. 3.) : mais elle est formée par un fluïde élastique, dont les particules se repoussent mutuellement ; ainsi dès que l'attraction du noyau, qui auparavant les condensoit en sphère autour de lui, est diminuée dans quelque partie de cette atmosphère, par la répulsion qui lui est opposée, les particules qui sont dans cet endroit, acquièrent de plus en plus la liberté de déploier la force répul-

sive qui leur est propre : elles l'exerce-
roient au loin & de tout coté, si le pouvoir
répulsif de toute l'atmosphère solaire, qui
l'emporte de beaucoup sur celui qu'elles ont,
ne les retenoit constamment dans une direction
à peu près opposée au centre du Soleil :
mais comme ce pouvoir n'est pas suffisant
pour prévenir tout-à-fait leur dilatation la-
térale, la queuë s'élargit de plus en plus, à
mesure qu'elle s'étend au-delà du noyau, &
par là son extension en longueur en est plutôt augmentée qu'empêchée ; ainsi à la vue
elle paroit avoir une forme presque paraboli-
que ; ses différentes parties deviennent moins
distinctes en s'éloignant de la tête ; & cela
est cause que des spectateurs, qui la contem-
plent en même tems, diffèrent de dix ou de
vingt dégrés dans le jugement qu'ils portent
sur sa longueur, suivant qu'ils ont la vue plus
ou moins bonne (1). (Voyez la Fig. 4. B. *b*.)

(1) Mr. *Newton* dit, „ qu'au mois de Décembre
„ la Comète de 1680. étoit accompagnée d'une queuë
„ très remarquable, qui s'étendoit à la distance de
„ 40°, 50°, 60°, ou 70°, & au-delà." *Princip.*
Phil. Lib. III. *Prop.* XLI. Expressions qui indi-
quent une incertitude, au-moins de 30 dégrés, sur
sa longueur apparente.

Lorsqu'après son périhélie une Comète s'éloigne du Soleil, la répulsion mutuelle des deux atmosphères va en décroissant, pendant que la gravitation mutuelle de la Comète & de sa propre atmosphère va au contraire en augmentant, & cela jusqu'à ce qu'enfin les parties de celle-ci soient comme rappellées à leur place ; peut-être ne s'en perd-il pas un seul atome, à moins qu'il n'arrive que la queuë de la Comète plonge en son chemin dans la sphère de quelque Planète. Dans ce cas, si l'atmosphère de la Planète est fort grande, la répulsion mutuelle qu'il y aura alors entre les deux, empêchera qu'elles ne s'unissent ou se confondent, & ne fera que causer une bifurcation dans l'atmosphère cométique. Mais si l'on suppose que l'atmosphère de la Planète soit fort petite, & que par conséquent celle de la Comète pourroit y laisser une partie de sa queuë ; l'immense rareté de celle-ci n'y causeroit aucun dommage, & les habitans de cette Planète n'auroient rien à craindre. Ainsi donc l'atmosphère cométique se condensera de nouveau autour de son noyau comme auparavant, & le garantira par là du froid qu'il auroit à souffrir pendant les quartiers d'hiver qu'il ira passer dans les parties éloignées de son orbite, suivant l'hypothèse ingénieuse du Dr. *Williamson*.

L'étendue en épaisseur de la queuë d'une Comète, ou le diamètre d'une de ses sections perpendiculaires, est excessivement grand près de son extrémité. La largeur apparente de la queuë de la Comète de 1680, lorsque sa distance de la Terre étoit égale à celle de la Terre & du Soleil, étoit plus grande que trois diamètres apparents du Soleil (1); par conséquent l'épaisseur réelle de cette partie de la queuë étoit environ de trois millions de milles, ou égaloit une longueur moienne entre celle de trois & de quatre cents diamètres de la Terre: cependant le Chevalier *Newton* dit, que „les „ plus petites étoiles étoient visibles à travers „ cette queuë, sans que leur éclat en fut di- „ minué." De quelle rareté inconcevable

(1) L'Auteur se ressouvient d'avoir lu cette observation, mais actuellement il ne se rappelle pas où. On ne s'écartera pas beaucoup de la vérité, si on l'applique à la Comète de 1769.

n'a-t-elle donc pas dû être! Peut-être que dans une étendue de quelques milliers, pour ne pas dire quelque millions de milles, entre son extrémité & son noyau, il n'y a pas eu plus d'air, qu'il n'y en a dans une veſſie bien ſoufflée. La choſe eſt non-ſeulement poſſible, mais même elle paroitra probable, ſi l'on ſe rappelle ce que nous avons dit ci-devant de la prodigieuſe extenſion d'un pouce cubique d'air, d'après le calcul qu'en a fait Mr. *Newton.*

En voilà aſſez ſur notre troiſième propoſition générale. Le Lecteur la recevra ou la rejettera, ſuivant qu'il trouvera plus ou moins de force & d'évidence dans les raiſons que nous venons de rapporter. Nous eſpérons cependant de ſon équité, qu'il ne la rejettera pas uniquement à cauſe du défaut d'exactitude qu'il peut y avoir dans la méthode que nous avons ſuivie; ou parce que nous n'avons pas répandu aſſez de clarté ſur un ſujet auſſi difficile à traiter.

On nous permettra bien de faire ici une petite digreſſion, pour prévenir les ſiniſtres impreſſions que l'apparition d'une Comète peut

faire fur l'efprit de quelques perfonnes , &
qui ont été fortifiées pendant que la Comète
de 1769. a paru, par un article peu fenfé,
qui fe trouvoit dans un de nos papiers pu-
blics : on y difoit, que fi cette Comète venoit
à paffer entre la Terre & le Soleil, alors la
Terre pafferoit à travers la queuë de la Comète ; paffage qui, fuivant l'Ecrivain, feroit
fatal à notre monde. Ce que nous avons dit
jufqu'à prefent, prouve évidemment, que nous
n'avons rien à craindre à cet égard. Cependant l'ingénieux & favant *Whifton* a taché de prouver, pour appuier fa théorie,
qu'une Comète en defcendant vers le Soleil,
& paffant près de la Terre, y avoit occafion-
né le déluge univerfel. Il prétend que cette
Comète avoit enveloppé tout notre globe de
fa queuë, qui y avoit laiffé une fi grande
quantité de vapeurs, que, condenfées en pluie,
elles avoient fuffi pour fubmerger le monde.
Il fuppofe auffi, que lorfqu'une Comète re-
monte dans fon orbe, en s'éloignant du Soleil, elle eft affez échauffée pour caufer une
conflagration générale, fi elle venoit à rencontrer la Terre : ce qui ne contribue pas

peu à en allarmer les habitans, qui craignent
quelque grande catastrophe, quand une Comète paroit. Mais si les queuës des Comètes sont composées d'une matière aussi excessivement rare qu'elle doit nécessairement l'ê-
tre, & comme doivent le reconnoitre tous
ceux qui ont jamais vu les étoiles briller au
travers ; comment pourrons nous concevoir
que notre Terre, en traversant une de ces
queuës, en pourroit tirer un océan capable
de couvrir *toutes les plus hautes montagnes qui
sont sous les cieux?* Pour produire cet effet,
il faudroit sans doute plusieurs océans tels que
le nôtre. Bien-loin de là, les considérations
précédentes semblent prouver, que les queuës
de toutes les Comètes, qui ont jamais paru,
réunies ensemble, ne seroient pas en état de
fournir assez d'eau pour un seul océan. Si
cela est vrai, en vain une Comète se sera-
t-elle approchée de la Terre aussi près qu'on
le voudra, elle n'aura jamais suffi à produire
le déluge, ou cette pluie de quarante jours,
dont parle *Moyse*; quelque désordre d'ailleurs
que la gravitation mutuelle eut pu occasion-
ner dans les deux globes si voisins. Si la

Terre avoit paſſé directement par le milieu de la queuë de la Comète de 1769, ou de quelque autre, il n'y a pas la moindre probabilité à ce qu'elle en eut tiré, ou que la Comète lui eut fourni aſſez de vapeurs pour produire ſeulement une ondée un peu forte, quoique cette Comète l'eut incommodée à d'autres égards, ſi elle en eut été fort près. Au reſte je ſoumets ces réflexions au jugement du Lecteur, qui peut-être trouvera dans la ſeconde Partie de cet Eſſai des raiſons aſſez fortes pour le porter à croire, qu'une Comète lorsqu'elle monte en s'éloignant du Soleil, n'eſt pas plus en état de mettre notre monde en feu, que de le couvrir d'eau, lorsqu'elle deſcend vers cet aſtre. Mais revenons à notre ſujet.

On pourra faire ici une objection, qui paroit très-naturelle. Pourquoi, dira-t-on, les Comètes paroiſſent-elles avec des queuës, qui pour l'ordinaire ſont d'une grandeur énorme, pendant que les Planètes, qui ont des atmoſphères auſſi-bien que les Comètes, en ſont toujours deſtituées, même lorsqu'elles ſont à une égale diſtance du Soleil?

A cela on peut répondre, que les atmosphères des Planètes sont si petites, rélativement aux globes qu'elles environnent, & com-
parées avec celles des Comètes, que, quelle
que soit la cause de la queuë de ces dernières, si la même cause agit sur leurs atmosphères, la queuë des Comètes doit paroitre d'une
grandeur énorme, pendant que celle des Planètes sera absolument invisible : ou pour m'exprimer en d'autres termes, pendant que les
Planètes, dans la même situation que les Comètes, n'auront point de queuë.

La Terre, comme on l'a démontré souvent, est une Planète, que nous connoissons
mieux qu'aucune autre, parce que c'est le
lieu que nous habitons. On convient assez
généralement, que son atmosphère s'élève à
la hauteur d'environ cinquante milles : au-delà, sa densité n'est pas assez grande pour que
durant le crépuscule elle puisse réfléchir les
rayons du Soleil. Or le diamètre de la Terre est d'environ 8000 milles ; par conséquent
son diamètre, joint à celui de son atmosphère, est d'environ 8100 milles. De-là il suit,
que l'espace occupé par la seule atmosphè-

re, eſt à l'eſpace que la Terre ſeule remplit, à-peu-près comme 1 à 26. Le calcul en eſt aiſé.

Mais le diamètre de l'atmoſphère d'une Comète, comme on l'a remarqué ci-devant, égale au-moins dix fois le diamètre de ſon noyau : & les ſphères étant entr'elles comme les cubes de leurs diamètres, la grandeur d'une Comète, jointe à celle de ſon atmoſphère, égale mille fois la grandeur de la Comète ſeule ; par conſéquent l'eſpace qu'occupe cette atmoſphère, eſt à celui qu'occupe le noyau, comme 999 à 1.

Suppoſons qu'une Comète, d'un volume égal à celui de la Terre, & qui a une atmoſphère telle qu'on vient de la décrire, ſoit tellement ſituée que le Soleil, la Terre & cette Comète, ſoient placés aux ſommets des angles d'un triangle équilatéral. Suppoſons de plus, que l'effet ſenſible du pouvoir répulſif de l'atmoſphère ſolaire ſur celle de la Terre & de la Comète, ſoit en proportion des eſpaces qu'elles occupent reſpectivement : la grandeur de ces dernières atmoſphères, étant entr'elles comme 999 à $\frac{1}{26}$, c'eſt-à-dire, comme 25974 à 1, lorsqu'un spectateur placé sur la Terre, verra la queuë d'une Comète s'étendre dans le ciel jusqu'à la longueur d'un arc de 60°; un spectateur placé dans la Comète, si la Terre a une queuë produite par la même cause, & proportionnée à l'espace qu'elle occupe, ne la verra que sous un angle de 0°, 0', 8″, 18‴, ou de 60° divisés par 25974: angle qu'il n'est pas possible d'appercevoir, même avec les meilleurs instrumens, surtout lorsqu'il est question d'un objet terminé d'une manière si douteuse. Ainsi pour m'exprimer en termes plus intelligibles, lorsqu'une Comète aura une queuë dont la longueur sera de 60°, une Planète placée à la même distance du Soleil, n'en aura point du-tout.

Les atmosphères des Planètes inférieures sont vraisemblablement moindres que celles de la Terre, en proportion de leurs distances du Soleil, & celles des Planètes supérieures sont plus grandes suivant la même proportion. Mais il se présentera dans la seconde Partie de cet Essai, une occasion plus naturelle de parler de cela.

Le principe de répulsion par lequel nous avons taché d'expliquer les queuës des Comètes, & leur opposition au Soleil, recevra encore un nouveau dégré de force par l'examen de quelques-uns des phénomènes que nous offriroit l'atmosphère d'une Comète, lorsqu'elle s'approche du Soleil, si cet astre n'avoit point d'atmosphère, ou si son atmosphère étoit privée de sa force répulsive. Ainsi nous allons tacher de prouver la proposition suivante.

Si le Soleil étoit sans atmosphère, ou sans aucun pouvoir répulsif, & si dans les espaces étherés, il n'y avoit rien qui put faire la moindre résistance, alors chaque Comète au-lieu d'une queuë toujours dirigée du coté opposé au Soleil, en auroit deux. L'une de ces queuës auroit une direction qui la feroit tendre vers le Soleil, pendant que l'autre seroit dirigée vers le coté opposé : la première seroit la plus considérable, & l'une & l'autre deviendroit plus grande à mesure que la Comète s'approcheroit davantage du Soleil, & cela à cause de la gravitation vers cet astre, qui augmenteroit aussi de plus en plus.

Un raisonnement fort simple suffit pour démontrer la vérité de cette proposition. L'atmosphère d'une Comète dans son état naturel, entoure son noyau d'une enveloppe sphérique ; c'est la forme que doit prendre tout fluïde dont les différentes parties tendent à un centre commun de gravité. Mais si nous supposons que cette atmosphère gravite vers le Soleil, & qu'elle soit formée par un fluïde destitué de toute élasticité comme l'eau, la gravitation vers le centre de la Comète tant des parties de ce fluïde qui seront les plus proches du Soleil, que de celles qui en seront les plus éloignées, sera diminuée par l'attraction du Soleil, & par là même, le tout qu'elles composent perdra sa forme sphérique, pour prendre celle d'un sphéroïde oblong. C'est ce qui arrive en effet à notre océan: l'attraction de la Lune change sa figure sphérique en celle d'un sphéroïde, dont l'axe tournant autour de l'axe de la Terre, par un effet du mouvement diurne de celle-ci, produit le flux & le reflux de la mer. Mais l'atmosphère d'une Comète n'est pas destituée d'élasticité, comme nous venons de le sup-

poſer, elle eſt au contraire très élaſtique, &
par là même capable d'une extenſion ſans
bornes: ainſi à meſure qu'elle s'élève en quelqu'endroit au-deſſus de cette enveloppe ſphé-
rique qu'elle forme, quand elle eſt dans ſon
état naturel de repos, ces parties élevées
s'étendront avec plus de liberté, par un effet
de ce pouvoir répulſif qu'elles exercent les
unes ſur les autres, & cela avec plus de force, parce que la gravitation, qui auparavant
les obligeoit de reſter condenſées autour du
noyau, ſe trouve conſidérablement diminuée.
Il réſultera donc de là un changement dans
cette figure ſphéroïdale ; elle deviendra ſem-
blable, à celle qu'ont ordinairement les queuës
des Comètes, qui s'élargiſſent de coté &
d'autre, à proportion qu'elles deviennent plus
rares près de leurs extrémités. Mais dans ce
cas, la queuë qui eſt dirigée vers le Soleil, ſera la plus conſidérable, parce que de ce coté
là, l'attraction de cet aſtre eſt la plus forte.
Si la Comète en approchoit aſſez, il ſe for-
meroit un courant d'air d'un globe à l'autre,
& le Soleil, par la ſupériorité de ſon attraction, enlèveroit enfin à la Comète ſon at-
mos-

mofphère, & la condenferoit autour de foi. Ainfi pendant le long trajeét de cette Comète au-delà des orbes des Planètes, il ne lui refteroit pas affez d'air pour entretenir la vie des animaux, ou pour fournir celui qui eft néceffaire à la végétation des plantes. Mais le Soleil eft environné d'une atmofphère, qui repouffe celle des autres corps céleftes ; par conféquent ce malheur n'eft point à craindre, & chaque globe de notre fyftème conferve fon atmofphère fans en rien perdre, en quelque point de fon orbite qu'il foit.

Ce que j'ai avancé jufqu'à préfent pour tacher de prouver que la projeétion de la queuë d'une Comète, au-delà de fon noyau, & que fon oppofition conftante au Soleil, étoit caufée par la répulfion mutuelle des atmofphères de ces deux corps ; cela dis-je reçoit un nouveau dégré de force, j'oferois presque dire qu'il eft démontré, par les expériences éleétriques.

Le fluïde éleétrique eft un élément auffi diftinét de tous ceux que nous connoiffons, que l'air l'eft de l'eau ; & s'il exifte dans la nature un pur feu élémentaire, ce fluïde en a les caraétères plus que tout autre. Car le

E

feu, tel qu'il paroît communément, est si éloigné d'être par lui-même un élément pur, que la présence de l'air lui est absolument nécessaire pour subsister; au-lieu que le feu électrique, dans plusieurs expériences, agit avec beaucoup plus de liberté dans le vuide qu'en plein air. Mais quoique ce fluide singulier diffère de tout autre, nous remarquons cependant qu'il a quelques propriétés qui ressemblent fort à celles de l'air dont nous avons parlé. Cela paroîtra clairement, si je puis prouver par des expériences les propositions suivantes; & dans ce cas, si l'on m'accorde que des causes semblables produisent naturellement les mêmes effets, il y aura lieu de présumer que la solution que je donne dans cet Essai des phénomènes cométiques, comparée à ces expériences, répond à tout ce que ces phénomènes nous offrent.

Proposition I. Il y a entre le fluide électrique, & la matière commune, une attraction mutuelle, qui fait que celui-là peut se condenser autour de celle-ci, de la même manière que l'air, par l'effet de la gravitation, se condense autour des corps célestes en forme d'atmosphère.

Je ne m'arrêterai pas à prouver cette proposition: sa vérité a été suffisamment établie par le Dr. *Franklin*, & les autres auteurs qui ont écrit sur ce sujet. Le succès de toutes nos expériences électriques dépend de cette propriété: & nous pouvons en dire autant de tous les phénomènes où l'électricité a part, depuis l'attraction des grains de poussière, ou d'autres petits corps, qu'opère l'ambre frotté, jusqu'aux effets prodigieux de la foudre.

Proposition II. L'air, comme nous l'avons vu, est un fluide dont les particules se repoussent mutuellement les unes les autres. Le fluide électrique est composé de parties qui exercent les unes envers les autres une semblable répulsion.

La vérité de cette proposition est démontrée par l'expérience suivante.

EXPERIENCE I.

Suspendez une plaque de métal au premier conducteur, qu'on emploie communément dans ces sortes d'expériences, & électrisez la. Placez au dessous, à la distance de trois ou

quatre pouces, une autre plaque, fur laquelle
vous répandrez quelque peu de fable fec, de
farine, de fon, ou de quelqu'autre poudre fine. Les particules de cette poudre attirées
par l'atmofphère condenfée autour de la plaque fupérieure, & l'attirant auffi de leur coté, vous offriront le fpectacle amufant d'une
pluie très fingulière. Elles monteront vers
cette plaque fupérieure ; & chacune d'elles,
par l'effet de cette attraction dont je viens
de parler, recevra & condenfera autour de
foi une quantité de ce fluïde électrique, proportionnée à fon volume: alors elles font immédiatement repouffées, & defcendent vers la
plaque inférieure, mais en fuivant des directions divergentes, & en s'éloignant les unes
des autres: plufieurs retombent au-delà de la
plaque fur la table, où elles reftent. Cette
divergence eft non feulement une preuve,
mais même une fuite néceffaire de la force
répulfive de l'atmofphère qui eft condenfée
autour de ces particules. Celles qui tombent
fur la plaque inférieure, y déchargent tout
leur feu, & remontent avec celles qui n'avoient
pas été attirées d'abord : alors elles reçoivent

une nouvelle charge, & redefcendent en s'é-
loignant les unes des autres, comme auparavant. Ce jeu continue jusqu'à ce que presque toutes ces particules foient difperfées fur
la table, & qu'il n'en refte que très peu entre les deux plaques. Or comme la quantité
de fluïde condenfé autour de chacune d'elles,
eft vraifemblablement proportionnée à l'étendue de leur furface (1), & comme cette expérience réuffit avec la poudre la plus fine,
fi elle eft bien fèche, on peut en conclure,
que les plus petites portions, qu'on puiffe concevoir, de la matière électrique, quand une
fois elles font féparées, fe repouffent mutuellement; d'où l'on eft autorifé à conclure en-

(1) Mr. *Franklin*, dans fes *Obfervations fur l'E-
lectricité*, pag. 58. §. 15. a prouvé, que l'atmofphère électrique prend la forme du corps qu'elle environne. ,, On peut,'' dit-il, ,, rendre cette forme
,, vifible: pour cela placez, quand l'air eft tranquil-
,, le, une cuillière à thé, affez échauffée pour faire
,, fumer un peu de réfine que vous y aurez mis,
,, fous un corps électrifé: la fumée fera attirée, &
,, fe répandra également de tout coté en couvrant
,, ce corps.'' Mr. *Franklin* emploie même ce fait
pour expliquer d'une manière très probable l'opération des pointes fur la matière électrique, à une diftance confidérable des corps électrifés.

core qu'elles se repoussent dans la masse qu'elles composent.

Mr. *Franklin* a traité fort au long de cette propriété (1), qui est aussi nécessaire pour la plupart des expériences éléctriques, que la précédente l'est pour toutes : & sans doute elle contribue beaucoup à cette étonnante rapidité des éclairs, à laquelle rien n'est comparable, si l'on excepte celle des rayons de lumière.

Proposition III. Quand deux petits corps sphériques ont des atmosphères condensées autour d'eux, ces atmosphères se repoussent mutuellement ; & cela de la même manière que

(1) *Ibid. pag.* 40. §. 5. Voici ce qu'il dit: „ Chaque particule de matière électrisée, est repous-„ sée par une autre qui l'est également. L'eau qui „ découle d'une fontaine, & qui dans son état na-„ turel forme un jet condensé & continu, se sépa-„ rera & prendra la figure d'une brosse, si elle est „ électrisée, chaque goute tachant de s'écarter de „ toute autre. Mais si on lui ote son feu électri-„ que, elle se réunira en un seul jet." On peut ajouter ici cette autre expérience : Si l'on remplit d'eau un vase d'étain, qui ait un goulot assez étroit pour que l'eau n'en coule que par goutes séparées, elle en découlera sous la forme d'un brouillard, si elle vient à être électrisée, mais elle retombera par goutes dès que son électricité cessera.

les atmosphères des corps célestes se repoussent les unes les autres, comme nous avons taché de le prouver par cette force répulsive, bien connue, qui règne entre les particules d'air qui les composent.

Cette proposition est une suite naturelle de la précédente, & même y est comprise en quelque façon ; cependant elle mérite que nous nous y arrétions, parce que les expériences par lesquelles nous tacherons de la prouver, serviront à nous faire comprendre de quelle manière les atmosphères électriques agissent les unes sur les autres, & s'affectent mutuellement. Comme ces atmosphères sont invisibles en elles-mêmes, & qu'on ne peut les découvrir que par leurs effets, pour pouvoir les observer il est nécessaire de les charger de quelques substances propres à réfléchir les rayons de lumière. Mais la poussière, la sciure de bois ou toute autre matière semblable qu'on emploie dans l'expérience précédente, ne peut pas opérer ce que nous souhaitons, parce qu'aussitôt que ces corpuscules ont reçu & condensé autour d'eux une certaine portion du fluide électrique, ils fuient.

Si au-lieu de ces corpuscules on emploie des fils souples paſſés en différent ſens au travers de petites bales, & ſi on les fait tous égaux, ces fils ne pouvant pas s'échaper, nous feront voir par leurs directions, quelle eſt la tendance des atmoſphères électriques, qui environnent les corps auxquels ils ſont adhérens.

Paſſons à préſent à l'expérience.

EXPERIENCE II.

Prenez une petite bale de liège ou de moïelle de ſureau, préparée comme on vient de le dire; ſuſpendez la, & l'électriſez; vous verrez alors tous les fils s'écarter les uns des autres, & ſe diriger de tout coté en partant du centre de la bale, comme on l'a repreſenté en A. (Fig. 6.), & cela parce que l'atmoſphère électrique étant également condenſée par tout, autour de cette bale, elle fait par tout des efforts égaux pour s'éloigner de ſon centre. Mais ſi vous électriſez deux pareilles bales, ſuſpendues de la même manière, & que vous les approchiez l'une de l'autre, les fils de chacune, au-lieu de ſe diriger de tout coté en partant du centre , comme auparavant , se plieront pour se tourner vers le coté opposé à celui par lequel elles se regardent , comme cela se voit en B & en C. Par là , la répulsion mutuelle de leurs atmosphères est rendue visible ; car l'on comprend que la direction de ces fils indique la tendance de celle dans laquelle ils se trouvent. Ainsi il paroit clairement que ces atmosphères s'éloignent l'une de l'autre ; autant que le leur permet l'attraction qui subsiste entre chacune d'elles & la bale à laquelle elle appartient ; attraction qui avoit d'abord occasionné sa condensation autour de cette bale. Mais en même tems on voit que la répulsion ne dissipe pas entièrement les atmosphères , car les fils restent dans la même direction , jusqu'à la décharge de l'une de ces atmosphères ou de toutes les deux.

Question. Cette expérience n'éclaircit - elle pas & ne confirme - t - elle pas pleinement ce que nous avons dit ci - devant pag. 47. devoir arriver , si deux Planètes ou Comètes, accompagnées de leurs vastes atmosphères aëriennes , passoient près l'une de l'autre ; &

E 5

que l'on voit représenté en C & en D.
(Fig. 2.)?

Avant que de finir sur ce sujet, ajoutons
encore ici une autre expérience; ceux qui se
donneront la peine de la faire, la trouveront
aussi amusante, que propre à démontrer le
principe que nous emploions ici.

EXPERIENCE III.

Ayez une boule de bois, d'un diamètre de
quatre ou cinq pouces, & faites la dorer, parce que le métal condense mieux le fluïde électrique autour de sa surface : appellons cette
boule A. Ayez aussi une petite bale de liège ou
de moüelle de sureau, traversée de quelques
fils longs de trois ou quatre pouces, comme
dans l'expérience précédente : nous la nom-
merons B. Supposez que A représente le Soleil, & B une Comète. Fixez A sur la verge d'une bouteille électrique, & suspendez B
par un fil de soie à un point qui soit directement au dessus du centre de A, & de façon
que quand il n'y a encore point d'électricité, B reste en repos appliqué contre A, tant
soit peu au dessous du niveau de son centre :

enfuite électrifez la boule & la petite bale.
La répulfion de leurs atmofphères électriques
eft telle que celle de B eft repouffée auffi
loin de A , que le permet l'attraction qu'il y
a entre cette atmofphère & fa petite bale;
& cette attraction eft fi forte, que pour ne
pas fe féparer , la bale s'éloignera avec fon
atmofphère de A , jufqu'à la diftance dans laquelle fa gravitation naturelle vers la Terre
foit en équilibre avec la force répulfive des
deux atmofphères. Là B refte en repos, &
fon atmofphère, fans le quitter entièrement,
s'éloigne de A, autant qu'il lui eft poffible,
& par là s'étend en longueur en fuivant une
direction oppofée au centre de A ; précifé-
ment comme les atmofphères des Comètes
s'éloignent du Soleil. Cela eft rendu fenfi-
ble par la direction que prennent les fils, qui
vus de coté , reffemblent tout - à - fait à la
queuë d'une Comète. Quand la bale eft dans
cette fituation , faites tomber deffus douce-
cement le vent d'un foufflet, perpendiculairement à la ligne qui joint les deux centres;
cela lui communiquera un mouvement de
projection, qui fera réglé par fa gravitation;

& comme le centre de A , est précisément au dessous du point d'où B est suspendu , il sera le centre de mouvement autour duquel B tournera. Ainsi cette petite Comète fera plusieurs révolutions autour de son Soleil électrique; à chacune de ces révolutions, & dans tous les points de l'orbite qu'elle décrira , sa queuë , formée par les fils qui la traversent , se maintiendra constamment dans sa direction opposée à la grande boule, comme cela arrive aux queuës des Comètes, qui se meuvent dans les cieux , rélativement au Soleil.

Cette expérience a été répétée d'une manière fort agréable , avec une Comète artificielle, faite d'une petite bale de liège dorée, à laquelle on avoit attaché en guise de queuë une bande de feuille d'or, longue d'environ deux pouces & demi. Pendant que l'expérience dura, la bale fit au moins vingt révolutions, & autant qu'on en put juger à la vuë, sa queuë se projetta toujours du coté opposé à la grande boule, & dans la ligne qui joignoit les deux centres; le fil par lequel la petite bale étoit suspendue, se tortilloit ou se détortilloit toujours dans le même sens. Pendant ce mouvement, si l'on élevoit la boule, la queuë de la bale s'abaissoit, & si on la baissoit, la queuë s'élevoit, de sorte qu'elle conservoit son opposition, dans quelque situation que ce fut.

Ces expériences sont telles, qu'on en pourroit conclure, que le fluïde électrique est la seule cause des phénomènes que nous offrent les queuës des Comètes. En effet, si l'on suppose que comme le Soleil est la grande source de la lumière & de la chaleur, dans tout notre système, il peut de même communiquer le fluïde électrique à tous les globes qui y sont. Si les Comètes, pour des fins qui nous sont inconnues, en reçoivent une plus grande quantité que les Planètes ; lorsqu'elles approchent de l'atmosphère électrique du Soleil, celle qui les environne en est repoussée, comme dans l'expérience précédente, & elle paroit lumineuse, sous la forme de rayons divergens, tels que ceux que nous voyons dans l'obscurité sortir des pointes électrisées.

Cette hypothèse pourroit bien expliquer

les phénomènes que nous offrent les queuës des Comètes, si les atmosphères des Corps qui sont chargées de fluïde électrique, étoient quelques fois visibles dans nos expériences, faites même dans l'obscurité. Mais comme cela n'arrive jamais, à moins que ce fluïde ne soit en mouvement, & que la preuve de l'existence de ces atmosphères, quand elles sont en repos, dépend uniquement de l'effet qu'elles produisent sur les corps qui sont près d'elles, on ne sçauroit admettre cette hypothèse. Si elle étoit réellement la véritable & la seule cause des phénomènes dont il est question, une Planète, dans le voisinage de laquelle passeroit une Comète, se trouveroit dans un très grand danger : car dans cette supposition les Planètes n'ont pas une atmosphère électrique aussi étendue que celle des Comètes, & par conséquent elles n'ont pas, proportionellement à leur masse, la même quantité de fluïde électrique condensé autour d'elles : il leur en manque même beaucoup. Si donc la queuë électrique d'une Comète passoit près d'une Planète, elle en seroit attirée, & changeant de direction elle s'inclineroit de son coté, &

déchargeroit fur elle le furplus de fon feu ,
jufqu'à ce que les deux Corps en euffent une
quantité égale , ou proportionnée à leur volume. Or fi nous confidérons avec quel éclat
fe forme une étincelle entre deux petites bales de liège, quelle idée ne devons - nous pas
nous former de l'explofion que produiroit la
décharge inftantanée de ce torrent de feu qui
feroit produit entre deux mondes , fitués
comme nous venons de le dire ? Auffi terrible que la voix de l'Archange, qu'on dit devoir annoncer la fin du monde , elle n'auroit
pas le pouvoir de rendre la vie aux cendres
des morts, mais elle réduiroit dans leur premier état de poudre tous ceux qui feroient
alors en vie. Heureufement nous n'avons pas la
moindre raifon de craindre qu'une Comète qui
feroit dans notre voifinage , cauferoit une pareille cataftrophe ; à moins que nous ne voulions fuppofer que l'Etre fuprème , dont la
fageffe & la bonté font infinies , a créé un
monde uniquement pour la deftruction d'un
autre : car concevons - nous que ces immenfes
atmofphères électriques puffent avoir d'autres
ufages ? La décharge en feroit même égale-

ment fatale aux deux mondes. Les expériences électriques prouvent que les effets de
la foudre font les mêmes, foit que l'éclair
vienne des nuées fur la Terre, ou qu'il par-
te de la Terre pour fe rendre aux nuées :
l'un & l'autre a lieu pendant un orage accom-
pagné de tonnerre, comme cela paroit par les
obfervations faites & communiquées à la Société royale par Mrs. *Kinnersley* & *Franklin* (1).
Mais pour ne laiffer plus aucun doute fur
cette matière, nous pouvons encore remarquer, que fi les phénomènes que nous offrent
les queuës des Comètes provenoient de la
même caufe qui rend vifibles ces écoulemens
électriques, qui partent d'une pointe d'acier,
ces queuës brilleroient par leur propre lumière, comme les fluïdes électriques quand ils
font en mouvement : mais au contraire, on
en a vu une qui étoit interrompue par une
obfcurité, caufée manifeftement par l'ombre
du noyau, qui occafionnoit une éclipfe par-
tiale de cette queuë, en interceptant les rayons
du

_____

(1) Voiez *Franklin on Electricity*, *pag.* 116 &
129.

du Soleil (1). Par conséquent la queuë d'une
Comète, auffi bien que la Comète même,
brille d'une lumière empruntée, & l'une &
l'autre ne font vifibles que parce qu'elles ré-
fléchiffent les rayons du Soleil.

Comme je ne fuis entré ici dans la confi-
dération des propriétés de l'élément électrique, que pour répandre plus de jour fur les
différentes propofitions que j'ai avancées, &
fur les conclufions qui en découlent, j'ai cru
devoir m'arrêter un peu fur ce fujet, pour
prévenir que ces propriétés ne fiffent naitre
une hypothèfe, qui bien loin de diffiper la
fraieur qu'infpire aux ames timides l'apparition d'une Comète, ne feroit que l'augmenter, & feroit ainfi par là directement contraire au principal but que je me fuis propofé
dans cet Effai. J'ai taché d'y établir des
principes, qui nous portent à croire, que les
queuës des Comètes ne font autre chofe qu'un
air dont l'expanfion & la raréfaction font immenfes, & à travers duquel la Terre pour-

(1) Voiez *Hevelii Cometographia. Lib.* xii. *pag.*
898. cité par Mr. *Winthrop* dans fa feconde lecture
fur les Comètes.

F

roît paſſer en toute ſureté, ſans qu'il en ré-
ſultât le moindre inconvénient pour ſes habitans.

Dans tous les ſiècles d'ignorance & de ſu-
perſtition, on a regardé les Comètes comme
des hérauts envoiés pour annoncer la colère
du ciel, ou comme les exécuteurs immédiats
de la vangeance divine. Je vai travailler à les
faire enviſager ſous un point de vue plus ſa-
tisfaiſant : leurs queuës, quelques terribles &
quelques ménaçantes qu'elles aient paru à
divers peuples, ne ſeront plus regardées, ſi
mes raiſonnemens ſont concluants, que comme des moyens ſagement adaptés au but que
la bonté divine a eu en créant une ſi grande
variété de mondes, & qui conſiſte à entretenir la vie des nombreuſes eſpèces d'Etres
qui y habitent vraiſemblablement.

ESSAI
SUR LES
COMÈTES.

<hr>

SECONDE PARTIE.

Où l'on fait voir que les queuës des Comètes sont probablement destinées à faire de ces corps des Mondes habitables.

Les anciens Géographes se sont imaginés que les régions polaires ainsi que celles de l'équateur, ou les zones froides & torrides, n'étoient pas habitables, à cause de la chaleur & du froid extrêmes, auxquels ces climats sont exposés. Les Astronomes modernes ont porté le même jugement sur les Planètes supérieures & inférieures, spécialement sur Saturne & Mercure. Ils prétendent que no-

tre eau, dans la dernière de ces Planètes, feroit dans une ébullition perpétuelle, & que
dans la première fa congélation feroit conftante; & cela uniquement en conféquence de
leur diftance du Soleil (1). De là ils ont naturellement conclu, que leurs différens fluïdes & leurs habitans, aux ufages desquels ces
mêmes fluïdes font adaptés, devoient être très
différens de ceux qui fe rencontrent fur la
Terre. Confidérant de plus à quel dégré les
Comètes s'approchent du Soleil, dans quelques points de leurs vaftes orbites, & jufqu'à
quelle diftance elles s'en éloignent dans d'autres, ils ont de même fuppofé, qu'elles ne
pouvoient pas être habitées par des Etres vi-
vans, & cela toujours eû égard aux viciffitudes
étonnantes de froid & de chaud auxquelles ces
corps, par leur différente fituation, doivent
être néceffairement expofés.

Mais la jufteffe de ce raifonnement dépend
de la vérité de la propofition fuivante. Mr.
Newton l'a avancée, fans la confirmer par l'expérience, qui pourtant felon lui, étoit le *cri-*
terium de la vérité. Cette propofition, la

(1) Voïez *Newt. Princ. Lib.* III. *Prop.* VIII.
Cor. 4.

voici: *La chaleur du Soleil est comme la den-*
sité de ses rayons; c'est-à-dire, réciproquement
comme les quarrés des distances du Soleil (1).

Ici, nous sommes réduits à la fâcheuse &
désagréable nécessité de contredire un des
plus grands génies qui ayent fait honneur à la
raison humaine. La réputation que cet illustre
auteur s'est acquise à de si justes titres, fera que bien des gens nous accuseront d'ignorance ou de présomption. Mais le lecteur
judicieux ne tardera pas à nous laver de cette
fausse & déshonorante imputation, s'il se
donne la peine de lire jusqu'à la fin ce petit
Essai. L'évidence que nous tacherons de répandre sur toutes nos assertions, lui fera sentir que *Newton* lui-même auroit changé d'o-
pinion, si les raisons, sur lesquelles notre
sentiment est fondé, lui avoient été connues.
Quoi qu'il en soit, nous posons comme une
maxime constante, que dans le cas où il s'a-
git d'acquérir la connoissance d'une science,
les progrès de l'esprit humain doivent de toute nécessité se rallentir, à proportion de l'approbation implicite qu'on donne aux décisions

(1) *Ibid. Prop.* XLI.

d'un homme, quelque grand que puiſſe être ſon mérite. Sans donc entrer dans une plus longue diſcuſſion, nous tacherons de prouver ſimplement, que la chaleur du Soleil, telle que nous la recevons, & telle que ſes effets ſur les ſubſtances expoſées à ſes rayons, nous la démontrent, ne dépend pas ſeulement de la denſité de ſes rayons; quoiqu'ils ſoient ab-ſolument néceſſaires à l'exiſtence de cette chaleur; mais qu'elle dépend également du concours & de l'opération d'une autre cauſe, qui va faire la matière préſente de nos ré-flexions : d'où il s'enſuivra, que ces cauſes partout où elles exiſtent enſemble, ſoit ſur la Terre, ſoit dans les Corps céleſtes, doi-vent naturellement produire des effets ſem-blables.

Pour répandre plus de jour ſur ce ſujet, & avant de diſcuter la chaleur des Planètes, comme dépendante de leur différente diſtance du Soleil, conſidérons d'abord cette portion de chaleur qui nous tombe à nous-mêmes en partage, & la diſtribution qui s'en fait ſur les divers climats de la Terre.

Les Géographes ont diviſé la ſurface de la

Terre en cinq zones, savoir: Une *torride*,
qui renferme toutes les régions entre les tro-
piques, & sur chacune desquelles le Soleil dar-
de perpendiculairement ses rayons deux fois
l'année, & y entretient un été continuel,
Deux *froides*, situées entre les cercles polaires & les pôles, & exposées aux rigueurs
d'un hyver perpétuel ; enfin deux *tempérées*,
dans lesquelles on éprouve alternativement
l'hyver & l'été, & les extrêmes de l'un &
de l'autre dans quelques-unes de leurs régions.
Elles sont situées entre les zones froides & la
zone torride, dans les deux hémisphères.
Sous la zone torride, les saisons sont beaucoup plus uniformes que dans les autres; les
jours & les nuits y sont presque égaux, pendant toute l'année. Quoique la chaleur s'y
fasse ressentir beaucoup plus, parce qu'elle y
est plus constante, que dans les autres climats, cependant on n'y est pas sujet à ces
grandes révolutions & à ces changemens subits qu'on éprouve dans les zones tempérées:
car, dans tout le tems de la révolution annuelle de la Terre, la différence des dégrés de
chaleur dans la zone torride, telle qu'elle est

déterminée par le Thermomètre, n'eſt pas à
beaucoup près auſſi grande, que celle qui ſe
fait ſentir quelquefois dans les zones tempérées, dans l'eſpace de quelque heures (1).
Cette différence ſera bien plus conſidérable
encore, ſi nous faiſons attention à la diverſi-

(1) Un matin, dans l'hyver de 1768., le mercure dans le Thermomètre de *Farenheit* étoit à 5°
au deſſous de 0°. Le même jour, vers les onze heures, il s'étoit élevé à 30°, & le lendemain au deſſus
de 60°. La différence ſe trouvoit donc, en moins
de 24 heures, de 65°. De plus le 30. de May 1764,
dans le tems qu'on étoit aſſemblé pour l'élection des
conſeillers de la Province à *Concord*, ville à vingt
milles environ, à l'Oüeſt de *Boſton*, l'air étoit extrêmement chaud, pour la ſaiſon ; mais le lendemain
matin, le froid fut ſi grand, qu'il fit périr tout le
bled d'Inde, les fèves, & les autres plantes tendres
à la diſtance de quelques milles autour de cette ville, & de celles qui ſont dans ſon voiſinage. Un
dimanche matin, en 1759., le tems paſſa tout d'un
coup d'un froid très rude, à la plus grande chaleur
de l'été ; chacun en fut ſurpris, quelques perſonnes
même en furent épouvantées. Les batimens com-
mencèrent tout d'un coup à fumer avec tant de force, qu'à *Boſton*, pluſieurs de ceux qui étoient dans
les Egliſes, crurent que les maiſons voiſines étoient
en feu. Quand le ſervice fut fini, preſque tous les
aſſiſtans reſtèrent à la porte pour ſe garantir de la
chaleur.

té de température qui a lieu dans les diverses saisons de l'année (1).

Mais ce que nous disons ici de la zone torride, ne doit s'entendre que des régions basses, habitées & cultivées: nous en exceptons les pays montagneux qui abondent sous ces climats, pour des raisons que nous déduirons ci-après.

Il y a déjà du tems qu'on a découvert le mouvement de rotation de plusieurs Planètes, dont l'axe est incliné plus ou moins aux plans de leurs orbites respectives. En conséquence leurs superficies se divisent en zones & en climats, correspondants à ceux de la Terre: & il est au moins très probable, que les différens climats de chaque Globe, durant la révolution périodique & annuelle du Soleil, éprouvent d'aussi grandes vicissitudes de froid &

___

(1) En 1760., dans l'après midi d'un jour d'été, un Thermomètre exposé en plein air & à l'ombre, indiquoit une chaleur de 102°. Une autrefois, dans l'hiver de 1766., une heure après le lever du Soleil, le mercure dans le même Thermomètre étoit à 9°. au dessous 0°. Cette différence, qui est de 111°, est vraisemblablement la plus grande qui ait été observée dans la température de notre climat.

de chaud, que celles qui se font sentir sur la Terre.

Quant aux régions équatoriales des diverses Planètes, il n'est pas moins vraisemblable, qu'il peut y avoir au même tems, des différences aussi considérables dans les dégrés de chaleur dont elles jouissent respectivement, qu'on en éprouve sous les zones tempérées de la Terre, dans les différentes saisons de l'année. Mais en supposant tout cela, l'inégalité de la distribution de chaleur dans les diverses Planètes, ainsi que dans leurs climats, s'évanouït, si l'on vient à la comparer à ces extrêmes de froid & de chaud auxquels elles doivent être nécessairement exposées, par leur distance différente du Soleil, toujours dans la supposition que la chaleur du Soleil soit comme la densité de ses rayons. Si tel étoit le cas, la chaleur de l'été dans Mercure, seroit environ sept fois plus considérable que sur la Terre, & deux fois plus grande que celle de notre eau bouillante. D'un autre coté notre chaleur d'été seroit au moins 90 fois plus grande que celle de Saturne; différence au moins sept fois plus grande que celle qu'il y a entre notre chaleur d'été, & celle d'un fer rouge (1) : car il est indubitable que la densité des rayons du Soleil est réciproquement comme les quarrés des distances du Soleil; d'où les conclusions précédentes doivent s'ensuivre nécessairement, si la chaleur est proportionnelle à cette densité.

C'est donc une question bien digne de l'éxamen & des recherches des philosophes, savoir : si la nature n'a point rémédié à tous ces inconvéniens, en emploiant quelque milieu, qui distribué en différentes proportions dans les diverses Planètes, tempère la chaleur du Soleil selon qu'elles en sont éloignées, de manière que leurs habitans respectifs puissent également en jouïr sans incommodité, & qu'un globe reçoive autant d'avantage de cette chaleur, & n'en souffre pas plus, qu'aucun autre globe de notre Système. En vérité cela paroit être un objet si digne de l'attention & de la providence du créa-

____

(1) M. *Newton* conclut d'après les expériences faites, que la chaleur de l'eau bouillante est trois fois, & celle d'un fer rouge, environ douze fois plus grande, que notre chaleur d'été. *Princip. Prop.* XLI. Lib. III.

teur, qu'un philosophe embrasseroit naturellement une telle hypothèse, n'eut-il qu'un ray-
on d'évidence pour la soutenir. Ce milieu que
nous cherchons, nous le trouverons, dans l'é-
lément de l'air qui est condensé en différentes proportions autour de nous, & qui consti-
tue les atmosphères de la Terre & des Corps
célestes.

Comme l'air est un élément auquel nous
avons plus d'obligation qu'on ne se l'imagine
communément, nous osons nous flatter que le
lecteur nous permettra une courte digression
sur quelques-uns des avantages que sa présence nous procure, & qu'elle procure vraisem-
blement aussi aux habitans des autres Planètes.

L'air est dans la nature le grand milieu, ou
agent, par lequel une Providence toute bienfai-
sante nous procure plusieurs des commodités,
des agrémens & des délices de la vie. De
l'air dépendent l'ascension des vapeurs & leur
condensation en nuées, qui descendent ensuite
en rosées, ou en pluyes bienfaisantes pour rafrai-
chir & fertiliser la Terre. De l'air dépendent
les crépuscules, qui nous font passer insensi-
blement du jour à la nuit, sans quoi nous se-

rions plongés en un inftant de la brillante clarté du Soleil dans l'obfcurité la plus fombre, & le grand jour fuccéderoit tout d'un coup à la nuit la plus noire ; ce qui feroit infupportable aux organes de notre vue, fuivant qu'ils font actuellement conftruits.

L'air eft aufli le véhicule des fons articulés ou inarticulés. En conféquence, fans l'air nous ferions privés non feulement de la douce mélodie des oifeaux qui habitent les bois, & du plaifir que nous éprouvons en entendant de belles pièces de mufique éxécutées par d'habiles maitres : mais, ce qui eft d'une importance infiniment plus grande par rapport à nous, c'eft que fans l'air il n'y auroit ni langage, ni communication d'idées que par des fignes muets. Il n'y auroit enfin ni arts libéraux ni fciences dans le monde. Par conféquent, fi nous pouvions fubfifter fans cet élément, nous ferions comme ce petit nombre de malheureux parmi nous, qui font fourds & muets.

On a déjà démontré par plufieurs expériences, que l'air eft néceffaire au foutien de la vie animale & à la fubfiftance de la flamme.

Il est même nécessaire à l'existence du feu,
sous quelque forme qu'il se présente, aussi
bien qu'à celle de la chaleur. Pour s'en convaincre, il suffit de réfléchir sur les expériences
& les observations suivantes de M. *Boyle*,
rapportées dans l'abrégé que M. *Shaw* a fait
de ses ouvrages.

,, Si vous mettez sous le récipient, dit
,, Mr. *Boyle*, des charbons ardens; trois mi-
,, nutes après que vous aurez commencé à
,, pomper l'air, le feu sera entiérement éteint;
,, pendant que de semblables charbons, pla-
,, cés en plein air, continuent de bruler jus-
,, qu'à ce qu'ils soient presqu'entiérement ré-
,, duits en cendres. La mèche allumée s'é-
,, teind plus difficilement que le charbon dans
,, le vuide; cependant elle y a perdu tout son
,, feu dans l'espace d'environ sept minutes,
,, sans qu'il ait été possible de la rallumer en
,, laissant rentrer l'air." Nous voyons par là
que l'air est nécessaire non seulement à l'entretien de la flamme, mais aussi à celui du feu
qui ne donne point de flamme. A ces expériences ajoutons en une autre, que chacun
peut faire aisément sans emploier la machine

pneumatique. On mèle bien enfemble une certaine quantité d'alun & de farine, qu'on expofe dans un creufet à l'action du feu, jufqu'à ce que ce mélange foit reduit en charbon; après quoi on le pulverife par la trituration ; & par une feconde opération du feu qu'on lui fait fubir dans un matras, il acquiert une qualité ignée, qu'il conferve fans aucune altération pendant plufieurs années, fi l'on a foin de bien boucher la phiole dans laquelle il eft, & de lui intercepter ainfi toute communication avec l'air extérieur. Il ne donne alors pas plus de figne de feu, que n'en donneroit toute autre matière ainfi renfermée; mais fi l'on en répand tant foit peu fur quelque corps combuftible, auffi-tôt il l'allume, l'action de l'air frais le changeant en feu. On donne à cette poudre le nom de Phofphore noir (1). Il n'en faut qu'une petite quantité pour pouvoir répéter cette expérience avec fuccès pendant des années, pourvû qu'on

____

(1) C'eft le phofphore inventé par *Lyonnet*, & dont on trouve la defcription dans le *Journal des Sçavans* de 1716. pag. 60. Edit. d'Amfterdam, & dans la Chymie de *Boerhave Tom.* I. pag. 381.

ſoit attentif en ouvrant la phiole pour en prendre, de la refermer d'abord, afin d'empêcher
le libre accès de l'air extérieur. Ici donc
nous avons une ſubſtance où ſe trouvent toutes les qualités du feu, où elles reſtent longtems, ſans cependant jamais ſe manifeſter que
par l'action d'un air frais.

Mais revenons à Mr. *Boyle.* Il conclut des
expériences qu'il a faites ſur la condenſation
de l'air, ,, que la quantité de matière que le
,, feu conſume, eſt plus grande, à proportion
,, qu'il y a plus d'air dans le récipient; ou
,, plutôt qu'elle eſt même au delà de cette
,, proportion''; comme on peut le prouver
par d'autres expériences. Or lorsque le feu
conſume quelque matière, ſans aucune flamme, cette conſomption doit être proportionnelle à l'intenſité de la chaleur qui l'opère: par conſéquent nous pouvons conclure de
cette dernière obſervation, que l'intenſité de
la chaleur dans un corps en feu, eſt à peu
près proportionnelle à la denſité de l'air qui
l'environne, & qu'elle en dépend en grande
partie. A la page 604. Mr. *Boyle* démontre par d'autres expériences, que ,, le feu eſt
,, al-

,, allumé plus aifément dans l'air fort com-
,, primé, que dans l'air dans fon état ordinai-
,, re." Voyons ce qui réfulte de là. Il eft
certain que plus la chaleur eft grande , plus
les matières combuflibles expofées à fon action
s'allument promtement : c'eft ainfi que des
corps expofés aux foiers de différens verres
ardents, prennent feu plus promtement, toutes chofes d'ailleurs égales, fuivant que ces
verres ont plus de force pour condenfer les
rayons du Soleil ; condenfation qui eft toujours proportionnée à l'augmentation de la
chaleur qui fe fait fentir dans le foier. Mais
dans ces expériences faites dans l'air condenfé , Mr. *Boyle* a allumé fon feu par les rayons
folaires ainfi réunis en un foier par des verres
ardens : & puisqu'il a trouvé que le même
verre embrafoit plus facilement les corps dans
l'air comprimé, que dans celui qui ne l'étoit
pas, il fuit de là, que la denfité des rayons
folaires reftant la même, la chaleur qu'ils
produifent devient plus grande, à mefure
que la denfité de l'air augmente; comme cela
arriveroit fi, dans la même denfité d'air, on
emploioit des verres plus forts pour augmen-

G

ter celle des rayons. Ajoutons à cela que Mr.
Boyle a toujours trouvé qu'il étoit très difficile, & quelquefois même impossible, d'allumer les matières les plus combustibles, dans un récipient dont il avoit tiré l'air, soit par les rayons du Soleil, soit par le moyen d'un fer rouge, sur lequel il faisoit tomber de la poudre à canon. Il est aisé de juger quelle conclusion on peut tirer de là.

Après avoir donné au Lecteur cette idée superficielle des principaux usages de l'air, & avoir prouvé que sa présence est nécessaire à la production de la chaleur, & qu'il contribue à augmenter celle des rayons du Soleil; pour répandre plus de jour sur le sujet que je traite, je vai prouver que la chaleur du Soleil, qui se fait sentir aux habitans de la Terre en général, dépend non seulement de la densité des rayons solaires, mais encore de la densité de l'atmosphère qui nous environne. La preuve que j'en donnerai sera tirée du témoignage de Voyageurs dont la réputation est telle, que nous ne pouvons pas douter de la vérité de ce qu'ils nous disent: ils ont passé la mer, & ont entrepris un voyage plus dangereux & plus fatigant peut-être qu'aucun qui ait jamais été fait, & cela uniquement pour travailler à l'avancement des sciences. On comprend que je veux parler de ces sçavans qui ont été envoiés par les cours de France & d'Espagne à l'Amérique méridionale, pour y mesurer sous l'équateur un dégré du méridien, & du nombre desquels étoient *Don George Juan* & *Don Antonio de Ulloa*, qui me fourniront la preuve que je vai avancer. Ces Messieurs, pour exécuter leur commission, furent obligés de s'établir & de faire leurs observations dans le voisinage de *Quito*, sur quelques-unes des plus hautes montagnes de la Terre, c'est-à-dire, sur les *Andes* ou *Cordillières*, situées sous l'équateur.

On sait qu'en toute saison il fait très froid aux sommets des hautes montagnes, & que même la pluspart sont couverts de neige pendant toute l'année. Mais les Andes offrent un changement de température, qui est véritablement curieux: car en descendant de leur sommet jusqu'à leur pied, on éprouve toutes les variétés de la chaleur & du froid, qui se font sentir dans chaque climat de la Terre, en quelque saison que ce soit *.

Mr. *De Ulloa* y a fait sur les lieux une observation très remarquable, & fort importante pour le but que nous nous proposons ici. Il dit que „ la congélation commence & „ se maintient dans toutes ces montagnes, „ à la même hauteur par dessus la surface „ de la mer, hauteur qui est déterminée „ par une élévation égale du mercure dans „ le Baromètre." Mais Mr. *Newton* conclut des expériences qui ont été faites, que „ la „ densité de notre air est, à quelque hau- „ teur que ce soit, comme le poids de „ l'air qui est au-dessus, c'est-à-dire, „ ajoute-t-il, comme la hauteur du mer- „ cure dans le Baromètre " †. Par consé- quent la densité de l'air est la même dans toute la région de l'atmosphère où la con- gélation est continuelle, & où commence ce froid perpétuel qui se fait sentir sur ces

* Voyez le *Voyage historique de l'Amérique méri- dionale*, par *De Ulloa. Livre VI. Chap. VII.*

†. Voyez *Newtoni Principia Lib. II. Prop. XXII. Schol.*

montagnes. Au deſſus de cette hauteur con-
ſtante, la denſité de l'air va en diminuant,
& le froid augmente de plus en plus, & cela
jusqu'aux ſommets des montagnes, qui offrent
toutes les horreurs de l'hiver, telles que les
éprouvent les régions polaires. Mais au
deſſous de cette hauteur, comme la denſité de l'air devient plus grande, parce qu'il
eſt toujours preſſé par un plus grand poids
de celui qui eſt au deſſus, de même la chaleur du ſoleil augmente, de manière que
ceux qui habitent dans la plaine, au pied
de ces montagnes, ſont expoſés à tous les
inconvénients de la zone torride.

Cependant la denſité des rayons ſolaires
eſt la même à ces différentes hauteurs, &
les ſommets de ces montagnes s'élevant au
deſſus de la région des nuées, jouiſſent beaucoup plus ſouvent de la préſence du Soleil
que les plaines qui ſont au bas. De là il
ſuit que, quoique les rayons du Soleil ſoient
la cauſe de la chaleur, & que ſans eux les
habitans de la Terre n'en éprouveroient aucune, cependant leur dégré de chaleur dépend
de la denſité, ou, ſi je puis me ſervir de ce

terme, de la coöpération du milieu aërien qu'ils traverfent pour arriver jusqu'à nous.

Les obfervations que je viens de rapporter, paroîtront peut-être fuffifantes pour prouver que la chaleur du Soleil n'eft pas uniquement en fimple raifon de la denfité de fes rayons; cependant comme la proportion qu'il y a entre ces deux chofes, eft un point fur lequel roulent plufieurs queftions de phyfique très curieufes, tout raifonnement qui tend à déterminer ce qu'il en faut croire, eft intéreffant. Ainfi on me permettra d'ajouter encore ici une nouvelle preuve. Je la tirerai des principes mêmes de Mr. *Newton*: elle eft une fuite naturelle de fon calcul fur le prodigieux & inconcevable dégré de chaleur, qu'a dû acquérir la Comète de 1680. à fon périhélie. Ce calcul eft fondé fur la fuppofition, que la chaleur eft proportionnelle à la denfité des rayons; il n'a jamais été contefté; au contraire, il a toujours paffé pour fort jufte. Mais s'il eft vrai, la Comète aura dû offrir des phénomèmes qui n'auront pas pu échaper à divers habiles aftronomes de ce tems-là, qui l'ont obfervée: voyons ce qui en eft.

Suivant le calcul de ce grand homme, la Comète dont il eft queftion a dû acquérir, quand elle a été le plus près du Soleil à fon périhélie, un dégré de chaleur deux mille fois plus grand que celui d'un fer rouge *. Or d'après des expériences faites, il conclut que la chaleur d'un fer rouge n'eft que douze fois plus grande que celle qu'acquiert de la terre fèche, expofée en été à l'action du Soleil. Cela étant, avec quel éclat lumineux la Comète n'a-t-elle pas dû paroitre, uniquement en conféquence de la chaleur qu'elle a acquife pendant qu'elle a été près du Soleil? Immédiatement après fon périhélie, elle aura brillé, non par une lumière empruntée ou réfléchie, comme cela lui étoit arrivé avant qu'elle parvint à cette partie de fon orbite; mais par ce nouvel éclat lumineux qu'elle venoit d'acquérir; éclat peut-être fupérieur à celui des plus brillantes étoiles qui paroiffent dans les cieux; car fi

* Voiez *Newt. Princip. Lib. III. Prop. XLI.*

un morceau de fer, qui n'a que douze dégrés
de chaleur de plus que la terre échauffée
par le Soleil en été, est cependant rouge,
& brille d'une lumière indépendante des rayons solaires, j'ose défier l'imagination la
plus fertile de se former une idée du brillant
éclat d'un corps dont la chaleur est deux
mille fois plus grande, & qui est aussi grand
que la Terre.

Mr. *Newton* ne s'arrête pas là. Il trouve
par le calcul, qu'un fer rouge, d'un volume
égal à celui de la Terre, ou d'une Comète de même grosseur, ne se refroidiroit à
peine que dans cinquante mille ans : par conséquent une Comète, qui est deux mille fois
plus chaude, ne se refroidiroit que dans un
nombre d'années exprimé par 50000 multi-
plié par 2000, c'est-à-dire, dans l'espace
de cent millions d'années. Mais si nous supposons qu'une Comète se refroidit cent fois
plus vite qu'un globe de fer de la même
grosseur & également échauffé, elle ne perdroit pas toute sa chaleur en moins de tems
qu'en un million d'années *. Au bout de

* C'est là le tems qu'on assigne ordinairement à la

cinq cents mille ans elle seroit encore mille fois plus chaude, & par conséquent brille-roit plus qu'un fer rouge. Or on suppose que la Comète de 1680. est la même qui a paru en divers siècles, après un intervalle de cinq cents soixante & quinze ans; ainsi elle fait sa révolution en moins de six cents ans. Si à chaque périhélie elle acquiert un dé-gré de chaleur qu'elle ne peut perdre qu'au bout d'un million d'années, & si elle n'a que le court espace de six cents ans pour se défaire de celui qu'elle acquiert à chaque révolution, quelle immense accumulation de chaleur ne doit-il pas s'y faire pen-dant ces différentes révolutions! Elle est telle, que bien des siècles après son périhélie, elle seroit visible uniquement par son pro-pre éclat; & même lorsque par son éloigne-ment son diamètre deviendroit insensible,

durée de la chaleur de la Comète, après son périhé-lie. Mais je ne vois pas bien sur quoi l'on se fonde, quand on dit que la Terre se refroidiroit cent fois plus vite qu'un globe de fer de même grosseur : on ne peut admettre cela, qu'en supposant en même tems qu'un globe de fer est cent fois plus dense qu'un globe planétaire, ce qui auroit besoin d'être prouvé.

elle devroit toujours être vue comme un point lumineux & brillant parmi les étoiles. Mais il s'en faut beaucoup que ce soit là le cas. Son périhélie arriva le 8. de Decembre; trois mois après, le 9. de Mars, elle disparut entièrement, quoique la Terre fut dans une situation d'où elle pouvoit être vue encore pendant un tems assez considérable: & même Mr. *Newton* nous apprend que, dès le 9. ou le 10. Février, son noyau n'étoit plus visible à l'œil nud.

Cette Comète, au moins sa queuë, fut découverte par *Flamsteed* deux jours après son périhélie, c'est-à-dire le 10. de Decembre: depuis ce tems-là, jusqu'à ce qu'elle disparut tout-à-fait, elle fut constamment observée par les astronomes : mais aucune de leurs observations n'indique, qu'elle ait brillé d'un éclat extraordinaire & plus grand que celui de toute autre Comète. Il est vrai que Mr. *Newton* remarque ,, qu'au mois de Dé-
,, cembre, immédiatement après avoir été
,, échauffée par le Soleil, elle avoit une
,, queuë beaucoup plus grande & plus bril-
,, lante qu'au mois de Novembre, lors qu'elle
,, n'étoit pas encore parvenue à son périhé-

,, lie." Mais il ne dit cela que de la queuë, car bientôt après il ajoute, ,, que la tête de ,, cette Comète, à distances égales du Soleil ,, & de la Terre, parut plus obscure après ,, son périhélie qu'avant." A la vérité il explique cela en supposant que le noyau étoit environné alors d'une fumée plus épaisse & plus noire qu'auparavant. Mais il est diffi-cile de concilier cette explication avec ce qu'il dit quelques pages plus haut, en par-lant de la même Comète, savoir ,, que la ,, prodigieuse chaleur, qu'elle a éprouvée, ,, a dû consumer & dissiper dans un instant ,, toutes sortes de vapeurs & d'exhalaisons, ,, & toute autre matière volatile *." A

* Quand cette Comète est à son périhélie, elle est éloignée du Soleil, suivant Mr. *Newton*, d'environ 160, 000 milles, ou d'une sixième partie du diamètre du Soleil, & alors elle est tellement échauffée par cet astre, que *toutes sortes de vapeurs & d'exhalaisons, sont consumées & dissipées dans un instant.* Cela étant, comment est-il possible que ces nuées, dont l'existence a été démontrée ci devant page 29, & qui paroissent tous les jours plus ou moins comme autant de taches sur le disque du So-leil, & qui flottent dans son atmosphère à la hauteur de 7 ou 8000 milles au dessus de sa surface, (voyez

cela ne pourroit-on pas ajouter, qu'elle a dû calciner ou vitrifier toute la maſſe même de la Comète? Par conſéquent s'il faut attribuer à des nuées & à des vapeurs ſon obſcurciſſement après ſon périhélie, il eſt clair, par le raiſonnement même de Mr *Newton*, qu'elle n'a pas été expoſée à une ſi énorme chaleur en paſſant près du Soleil; car toutes ces exhalaiſons hétérogènes en auroient été conſumées & diſſipées, au moment qu'elles ſe ſeroient élevées du corps de la Comète; ſi cependant on peut ſuppoſer qu'il y fut reſté quelque matière volatile ou évaporable, ou quelque peu d'humidité après le prodigieux embraſement qu'elle auroit ſoufert: embraſement dont l'effet auroit été

la note de la page 48), comment eſt-il poſſible dis-je, que ces nuées reſtent ſans ſe diſſiper pendant plus de vingt jours de ſuite, comme cela eſt ſûrement arrivé à quelques-unes, (voyez ci devant page 23)? Ou plutôt, ces nuées qui paroiſſent durant un ſi long tems ne forment-elles pas une démonſtration, fondée ſur les propres principes de Mr. *Newton*, qu'il n'exiſte point une pareille chaleur, même dans la région de l'atmoſphère du Soleil, où ſes rayons ſont le plus condenſés?

tel, que vraisemblablement les habitans de la Terre n'auroient jamais perdu de vue cette Comète pendant toute la durée de l'univers; & bien moins seroit-il arrivé qu'elle eut disparu entiérement trois mois après son périhélie *.

Mr. *Newton* en calculant le dégré de chaleur auquel elle a été exposée, a posé comme un principe incontestable cette proposition, ainsi que nous l'avons vu, savoir, que *la chaleur du Soleil est comme la densité de ses rayons*. Ensuite il a considéré la densité de ces rayons, tels qu'ils nous parviennent, lorsque la Terre est à sa moyenne distance du Soleil,

* Si l'on suppose que les Etoiles fixes sont égales au Soleil en grandeur, & que celle de la Comète, dont il s'agit, égale celle de la Terre: si l'on suppose encore que le tems périodique de cette Comète est 575 ans, & qu'elle a acquis assez de lumière pour être visible dans toutes les parties de son orbite: il paroit par la détermination qu'a faite Mr. *Bradley*, de la parallaxe des Etoiles, après une longue suite d'observations (voyez l'*Optique de Smith.* vol. II. pag. 449. &c.) que le diamètre apparent du noyau de cette Comète doit être beaucoup plus grand que celui des Etoiles de la première grandeur, même lorsqu'elle est le plus éloignée du Soleil & de la Terre.

comme la mesure fixe & certaine à laquelle
on pouroit comparer cette densité à toute
autre distance. Après cela aiant exposé de la
terre sèche à l'action du Soleil en été, il a
comparé la chaleur qu'elle a contractée avec
celle de l'eau bouillante, & d'un fer rouge, &
il a trouvé que ces différentes chaleurs étoient
entr'elles comme, 1, 3, & 12. Enfin, il
a regardé la chaleur qu'a acquise cette terre
sèche, comme la mesure de notre chaleur
d'été, & il l'a supposée inséparable de ce
dégré de densité moyenne qu'ont les rayons
du Soleil lorsqu'ils arrivent jusqu'à nous.
C'est sur ce fondement qu'il semble avoir
construit son échelle générale de chaleur
pour tout le systême solaire. Mais j'ose
croire qu'à présent le Lecteur est convain-
cu, que la proposition principale qui sert de
baze au raisonnement de cet illustre auteur,
tombe, faute de soutien, quoique les conclusions qu'il en a tirées soient très justes. Car
rappellons-nous qu'il y a des régions, sous
l'équateur même, qui éprouvent un froid perpétuel, dont la rigueur égale celle qui se
fait sentir dans les contrées situées sous les

poles ; & cela à la hauteur feulement de deux ou trois milles au deffus de la furface de la Terre, & où il eft rare que des nuées interceptent les rayons du Soleil. Par conféquent fi nous nous fuppofons tranfportés à quarante ou cinquante milles plus haut, ou jufqu'à l'extrêmité de notre atmofphère, la feule idée de la fituation où nous nous trouverions alors, nous fait friffonner, quoique nous concevions que nous jouirions d'un Soleil toujours pur, & dont l'action ne feroit empêchée par aucune interpofition de nuages.

Ce qui a été dit jufqu'à préfent nous conduit affez naturellement à la recherche du grand but, que l'Auteur de la Nature a eu probablement en vue, quand il a formé les atmofphères qui environnent les différentes Planètes & les Comètes de notre fyftème.

Fondés fur des autorités inconteftables, nous avons avancé que la feule denfité des rayons du Soleil ne fuffit pas pour produire le dégré de chaleur, même dans les climats les plus chauds, néceffaire à la vie des habitans

de la Terre ; mais qu'il faut outre cela, que
l'air ait une certaine denſité, capable de mo-
difier ces rayons & de coöpérer avec eux
à l'entretien de la vie & de la végétation.
L'atmoſphère qui nous environne, nous fournit abondamment cet air dont nous avons
beſoin, & dont la denſité, à quelque hauteur qu'il ſoit, eſt toujours proportionnée
à la preſſion de celui qui eſt au deſſus.
L'analogie nous porte à conclure, que les
atmoſphères des autres Planètes & des Comètes ſont deſtinées & appropriées au même
but que celle de notre Terre. Or ſi nous
ſuppoſons que la quantité de chaleur, qui
tombe en partage à chaque Planète, eſt en
raiſon compoſée de la denſité des rayons ſolaires & de la denſité de l'air qui environne
la ſurface de la Planète, on peut aiſément
concevoir que chacun de ces globes a été
pourvu d'une atmoſphère, capable d'en faire
des lieux habitables, à quelque diſtance qu'ils
ſoient du Soleil. Il ſuit néceſſairement des
expériences & des remarques qui ont été
rapportées ci devant, que la chaleur a été
ainſi diſtribuée aux différentes Planètes, ſi
l'on

l'on admet la fuppofition que ces corps font environnés d'une atmosphère d'air, proportionnée à leurs diverfes diftances du Soleil. Or il a déjà été prouvé qu'elles font entourées d'une atmosphère aërienne, & il ne nous eft pas poffible de douter, que la fageffe fuprème du Créateur n'ait proportionné la quantité & la denfité de ces atmosphères à la diftance où les globes qu'elles environnent font du Soleil.

Les queuës des Comètes ne font autre chofe qu'une expanfion de leurs atmosphères, dont la longueur, comme nous l'avons remarqué plus haut, dépend de leur proximité du Soleil; elle diminue à mefure qu'elles s'en éloignent, & pour l'ordinaire ces queuës ne font plus vifibles quelque tems avant que leur noyau difparoiffe. Par conféquent nous pouvons conclure de cela avec raifon, que quand ces globes font dans la partie la plus éloignée de leurs orbites, ou à leurs aphélies, leurs queuës s'évanouiffent, & leurs atmosphères reprennent leur forme fphérique & font par tout de la même hauteur au-deffus de leur noyau, comme celles de la Terre & des autres Pla-

H

nètes. L'atmosphère du Soleil est alors
trop éloignée pour opérer sur elles quelque
effet par sa force répulsive. Dans ce tems-
là, par conséquent, l'air doit être prodigieusement dense sur la surface de leur globe, étant pressé par le poids d'une si grande quantité de fluide qui est au-dessus. Par
là les rayons du Soleil, quoique plus foibles,
ou moins denses qu'ils ne sont sur notre
Terre en raison des quarrés des distances,
peuvent, en conséquence de nos principes,
être rendus aussi actifs, & aussi propres à
produire le dégré de chaleur nécessaire pour
la vie animale & la végétation, que ceux
qui tombent sur notre Terre, ou sur toute
autre Planète.

Mais comme l'a remarqué le Dr. *Williamson*, si ces atmosphères conservoient la même densité dans toutes les parties de leurs
orbites, les dégrés de chaleur qu'éprouveroient leurs habitans, seroient absolument in-
tolérables dans le temps de leur périhélie.
Le grand auteur de la nature a pourvu à
cela; cet inconvénient est moins à craindre à mesure qu'elles approchent du Soleil,

parce que leurs atmosphères font repouffées
par celle de cet aftre, ou par quelqu'autre
caufe équivalente. Cette répulfion raréfie
par dégrés l'atmosphère comérique, & la
pouffe au delà de fon noyau à travers l'immenfe espace des cieux: ce qui en refte eft
de plus en plus repouffé & raréfié par
l'action des rayons folaires qui augmente
continuellement; jusqu'à ce qu'enfin la Comète s'approche affez du Soleil, pour qu'il
ne refte presque plus à fes habitans que l'éther
à refpirer. La Comète de 1769. nous en
fournit une preuve: peu d'autres Comètes fe
font plus approchées qu'elle du Soleil. Avant
que d'arriver à fon périhélie, elle avoit une
queuë d'une longeur étonnante; cependant
le refte de fon atmosphère avoit affez de
denfité pour cacher fon noyau, qu'on ne
découvroit qu'à peine, & d'une manière
très douteufe, avec les meilleurs télescopes.
Mais quand cette Comète reparut le foir
vers la fin d'Octobre, fon atmosphère avoit
été tellement raréfiée, en paffant par fon
périhélie, qu'elle étoit affez pellucide pour

laiffer voir le noyau , qui paroiffoit clairement & diftinctement à travers.

Ne pouvons-nous pas conclure de là , même avec certitude , que comme la diftance
d'une Comète au Soleil varie continuellement, la denfité de fon atmosphère change
toujours auffi dans les différens points de
fon orbite, & que par conféquent fes habitans jouiffent auffi bien de l'heureufe influence des rayons folaires, ou n'en ont pas
plus à craindre, que les habitans de toute
autre Planète de notre fyftème?

Les Planètes principales font leur révolution dans des orbites qui font à peu près
circulaires: ainfi elles n'ont pas befoin d'atmosphères auffi étendues que celles qui
font néceffaires aux Comètes , dans les
régions éloignées des cieux où elles vont.
Les atmosphères dont elles font environnées, font celles que la fageffe fuprème
a jugées les plus convenables à leur diftance du Soleil : elles ne font point furchar-
gées d'une matière qui puiffe être projettée
en forme de queuë, en un tems plus qu'en
un autre. La diftance de chacune d'elles

du Soleil étant toujours à peu près la même dans les différentes parties de leurs orbites, elles avoient besoin en tout tems d'une égale densité d'atmosphère.

Il résulte de ce qui vient d'être dit, que les atmosphères des Planètes inférieures sont plus petites, & celles des Planètes supérieures plus grandes que celle de la Terre ; de façon que leur densité près de la surface de leurs globes respectifs, est tellement proportionnée à leurs différentes distances du Soleil, que tous ces globes participent également aux avantages que procurent ses rayons. Mars est la seule des Planètes sur laquelle nous puissions dire quelque chose de positif à cet égard : nous manquons d'observations astronomiques pour déterminer ce qui en est, par rapport aux autres. Mars est plus éloigné du Soleil que la Terre ; en conséquence donc des raisons que nous avons données ci-devant, son atmosphère doit être plus grande que la nôtre ; aussi est-il démontré par l'observation rapportée dans la première partie de cet Essai, page 20, que son atmosphère s'é-

lève au - deſſus de ſa ſurface, jusqu'à une hauteur égale au moins aux deux tiers de ſon diamètre : ainſi elle eſt beaucoup plus grande
que celle de la Terre, quoiqu'infiniment plus
petite que celle des Comètes. Peut-être
fera - t - on dans la ſuite des obſervations ſur
des occultations d'étoiles fixes, par Jupiter
Saturne & les autres Planètes, en emploiant
de meilleurs inſtrumens que ceux que nous
avons à préſent ; & alors on pourra auſſi
déterminer quelle eſt l'étendue de leurs atmosphères.

On fera ſans doute quelques-objections
contre les principes que j'ai poſés dans cet
Eſſai: mais je crois pouvoir répondre à toutes d'une manière ſatisfaiſante.

On peut d'abord m'objecter, que comme
la lumière du Soleil eſt incontestablement
proportionelle à la denſité de ſes rayons,
ou en raiſon inverſe des quarrés de leurs
diſtances, les inconvéniens qui en réſultent
pour les habitans des Comètes, à leur périhélie, ſont à peu près auſſi grands que ceux
auxquels ils ſeroient expoſés ſi la chaleur
du Soleil ſe faiſoit ſentir en même propor-

tion : ou au moins fi les Comètes ne font pas rendues inhabitables par là, la condition de leurs habitans feroit fort trifte en certain tems. Si par exemple la portion de lumiè-re qui leur vient du Soleil étoit adaptée à leurs befoins, lorfqu'ils en font à une diftan-ce moyenne ; ils n'en auroient pas affez dans leur aphélie ; & au contraire dans leur périhélie ils ne pourroient pas en fupporter la fplendeur.

Pour répondre à cette objection, il fuffit d'examiner attentivement la ftructure des yeux des animaux qui font fur la Terre : leur prunelle fe contracte ou fe dilate, in-dépendamment de leur volonté ; fuivant que la denfité des rayons qui y paffent & qui tombent fur la rétine, eft plus grande ou plus petite : ainfi il y en a plus ou moins qui font admis, fuivant la quantité qui eft néceffaire à la vifion diftincte, fans que les yeux en fouffrent : c'eft ainfi que plufieurs perfonnes ont la vue telle, qu'ils peuvent lire à peu près auffi bien à la lumière d'une bougie, qu'au grand jour, quoiqu'il n'y ait presque aucune proportion entre les quantités de lu-

mière que réfléchissent les objets dans ces deux
différens cas. Mais l'ouverture de la prunelle est beaucoup plus grande dans le premier de ces cas, que dans le second, & par
conséquent un plus grand nombre de rayons peut y passer. Il y a encore des animaux
qui se retirent dans des trous ou dans des
cavernes à l'arrivée du jour, & qui se servent de leur vue aussi utilement pour eux à la
foible lueur des étoiles, que d'autres s'en
servent quand le Soleil les éclaire; tandis
qu'il y en a d'autres qui n'en peuvent soutenir l'éclat quand il est au méridien, sans
que leurs yeux en souffrent. Or si nous
supposons seulement que les habitans des
Comètes ont leurs yeux tellement formés,
qu'ils peuvent contracter & dilater leur prunelle suivant la force ou la foiblesse de la
lumière qui y entre, nous pouvons facilement concevoir que les rayons du Soleil ne
seront pas plus nuisibles pour eux dans un
tems que dans un autre: car dans leur aphélie leur prunelle se dilatera, autant qu'il sera
possible; au contraire dans leur périhélie elle
se contractera jusqu'à n'être plus qu'un point

physique, si le grand éclat du Soleil le demande ; ainsi il n'y entrera qu'une petite
quantité de lumière, telle que l'œil peut la
recevoir sans en être endommagé.

Remarquons cependant que la lumière
qui éclaire les habitans des Comètes dans
leur aphélie, est plus grande que nous
ne pouvons l'imaginer. Pour le prouver, arrêtons-nous à la Comète de 1680.
Son tems périodique est plus long & son
aphélie est plus éloigné que celui d'aucune
autre Comète qui soit connue; car suivant
le Dr. *Halley* sa plus grande distance du Soleil, est à la distance moienne de la Terre
par rapport à ce même astre, à peu près
comme 138 à 1. Mais le Dr. *Smith* a prouvé,
dans son optique, que la proportion qu'il
y a entre la lumière qui nous éclaire de jour,
& celle que répand la Lune dans son plein, est
comme 90 000 à 1.*. Or la lumière du Soleil sur la Comète, quand elle est dans son plus

* Voyez *Smith's Opticks Vol. I. pag.* 29.

H 5

grand éloignement, est à celle qui tombe sur la Terre, comme 1 à 19 000. Par conséquent si nous divisons 90 000 par 19 000, nous trouverons que notre clair de Lune est à la lumière du Soleil sur la Comète, comme 1 à $4\frac{3}{4}$. Ainsi les habitans de la Comète, quand ils sont dans leur aphélie, jouissent d'une lumière solaire qui est à peu près cinq fois aussi grande que celle de la pleine Lune. Elle est même encore beaucoup plus grande à cause de l'étendue & de la densité de l'atmosphère cométaire : car il est certain que la lumière qui nous éclaire de jour, & qui est également répandue sur tous les objets terrestres & les rend visibles, dépend de la réflection des rayons solaires, opérée par l'atmosphère & les corpuscules hétérogènes qui y flottent. Si cette réflection n'avoit pas lieu, tous les objets, même lorsque le Soleil luit sur l'horizon avec tout son éclat, seroient aussi obscurs qu'au milieu de la nuit, ceux-là seuls seroient visibles sur lesquels les rayons directs du Soleil tomberoient, ou ceux qui seroient foiblement éclairés par ces rayons que réfléchiroient sur eux les corps voisins.

Les cieux paroîtroient tout-à-fait noirs, &
l'on verroit les plus petites étoiles en plein
midi : la seule lumière répandue dans l'atmosphère empêche que cela n'ait lieu. Ce
bel azur qui colore si agréablement le ciel,
après que l'atmosphère a été purifiée & dégagée de toute vapeur par un orage ou par
quelques coups de tonnerres, doit son origine
à cette noirceur dont je viens de parler, vue à
travers l'air, devenu plus transparent que
quand il étoit chargé de particules hétéro-
génes & opaques.

Or les atmosphères des Comètes étant
beaucoup plus étendues & plus denses que
celle de la Terre, doivent réfléchir une plus
grande quantité de rayons solaires ; leur hémisphère qui regarde le Soleil, doit par conséquent être plus illuminé, & la lumière
diurne augmentée à proportion, quoique
la lumière des rayons directs soit considérable-
ment affoiblie par là.

Je puis éclaircir ce que je dis ici par les
effets de deux grandes éclipses du Soleil,
dont l'une est arrivée le 5. ou le 6 d'Aout,
1766, & l'autre le 19. Janvier 1768 ; plu-

fieurs de nos habitans qui les ont examinées
avec attention, fe les rappelleront aifément.
Durant la première, l'air étoit fort ferein,
& le ciel paroiffoit d'un beau bleu, excepté
en quelques endroits où il y avoit quelques
petites nuées. Au milieu de cette éclipfe,
l'air s'obfcurcit tellement, que quoiqu'aucun
nuage n'interceptât les rayons du Soleil,
une trifte obfcurité fembloit être répandue
fur la face de la nature. Pendant fa dernière, qui étoit cependant beaucoup plus
grande, l'air étoit rempli de vapeurs qui
réfléchiffoient les rayons du Soleil en fi grande quantité, que les yeux en étoient bleffés
quand on les tournoit vers le ciel, avant que
l'éclipfe arrivât; & quand elle fut parvenue
à fon plus haut dégré, à peine fe feroit-on
apperçu de l'obfcurité qu'elle caufoit, fi
l'on n'avoit pas été averti d'avance qu'il y
auroit éclipfe.

Les grandes atmofphères des Comètes procurent à leurs habitans un autre avantage qui
leur eft particulier : car dans l'hémifphère
qui n'eft pas vu du Soleil, ils n'ont pas des
nuits auffi noires que celles des Planètes; mais

la réflection des rayons du Soleil qui se fait
dans ces atmosphères, leur procure un crépuscule perpétuel, si ce n'est pas même une
lumière égale à celle du jour. Une atmosphère
cométique est éclairée par le Soleil la nuit
comme le jour, excepté seulement dans une
partie qui forme, dans l'aphélie, une colomne à peu près cylindrique, dont la base est
un grand cercle de la Comète, & dont la
hauteur est celle de l'atmosphère : cette colomne, vû la grande étendue de cette atmosphère, est très petite en comparaison de
tout l'hémisphère atmosphérique : elle n'en
renferme que cette portion qui est éclipsée
par l'ombre du globe, & si le diamètre de
l'atmosphère est égal à dix diamètres du
globe *, elle ne contient pas $\frac{1}{80}$ partie de
tout l'hémisphère visible, & elle est encore
diminuée par la réfraction des rayons solaires,
qui accourcissent & retrécissent le cone d'ombre. Ainsi il est probable que les nuits les plus
obscures qu'ont les habitans des Comètes
dans leur aphélie, sont plus éclairées que les

* Voyez ci-devant pag. 22.

nôtres, lorsque la Lune eſt dans ſon plein. Au reſte je ſoumets ceci au jugement du Lecteur.

On peut encore faire ici une autre objection. Les atmoſphères des Comètes, dira-t-on, ſouffrent des raréfactions & des condenſations prodigieuſes, par un effet naturel de l'alternative de projections & de raccourciſſemens qui arrivent à leurs queuës. Cela étant, il eſt difficile de concevoir qu'elles puiſſent en tout tems ſervir à la reſpiration de leurs prétendus habitans.

Il ſeroit difficile, peut-être même impoſſible, de répondre à cette objection, ſans ce que nous a appris un véritablement grand Philoſophe, je veux dire le Dr. *Halley*. S'il n'eſt pas le premier inventeur de la *cloche des plongeurs*, il y a fait des changemens & des additions ſi conſidérables, qu'il l'a portée à un point de perfection, où avant lui on pouvoit ſouhaiter de la voir, mais où perſonne n'eſpéroit qu'elle parviendroit *. Un homme placé ſous cette cloche peut

* Voyez *les Transactions Philoſophiques* n°. 349. *pag.* 492. *& ſuiv.*

defcendre en toute fureté, jufqu'au fond de la mer : mais l'air qui y eft renfermé change de denfité à mefure que la choche defcend plus bas au deffous de la furface de l'eau. A une profondeur de trente-deux ou trente-trois pieds, fuivant les changemens qui furviennent dans le poids de l'air, ou même à une profondeur moindre, felon que l'eau falée eft plus pefante que l'eau douce, la denfité de l'air qui eft fous la cloche, eft deux fois plus grande que celle de l'air extérieur ; à une double profondeur la denfité eft trois fois plus grande ; elle eft quadruple à une profondeur triple, & ainfi de fuite. Or fi on laiffe defcendre la cloche fans prendre les précautions néceffaires, la condenfation fubite de l'air qu'elle renferme, pourra incommoder beaucoup celui qui eft deffous, comme on l'a éprouvé quelquefois ; & fi elle defcendoit tout d'un coup fubitement jufqu'au fond de la mer, l'effet en pourroit être fatal au plongeur. On en comprendra la raifon, fi l'on confidère ce qui arriveroit à une phiole quarrée remplie d'air commun au-deffus de la furface de l'eau, & bien bouchée. Cette

phiole, mife fous la cloche, lorsqu'elle parviendroit à une certaine profondeur, feroit
enfoncée & reduite en pièces par la preffion
de l'air condenfé qui l'environneroit, de la
même manière qu'elle feroit caffée par l'air
dans fon état ordinaire, fi par la pompe pneumatique on avoit tiré tout l'air de fon inté-
rieur. On pourroit prévenir cet effet en
faifant un petit trou à fon bouchon, & en la
faifant defcendre lentement, pour donner à
l'air extérieur le tems de s'y infinuer peu à
peu. Au contraire fi l'on bouchoit cette
phiole au fond de la mer, & qu'on l'élevât
avec la cloche de la profondeur de neuf ou
dix braffes ; avant qu'elle arrivât à la furface de
l'eau, elle fe creveroit en dehors par la force a-
vec laquelle l'air condenfé, dont elle eft remplie,
fe dilateroit ; ce qu'on pourroit encore prévenir par la même précaution que je viens
d'indiquer. C'eft fans doute par une fembla-
ble raifon, que des voyageurs qui font montés
aux fommets de hautes montagnes, ont été at-
taqués de vomiffemens, accompagnés d'efforts
& d'autres incommodités : à de telles hauteurs
l'air eft trop rare pour être en équilibre par

fa

sa preffion avec la force expanfive de l'air plus denfe, répandu dans tous les vaiffeaux & les organes du corps animal.

Mais Mr. *Halley* affure d'après fa propre expérience; ,, qu'aucun de ces inconvé-,, niens n'a lieu, fi l'on fait defcendre ou ,, fi l'on élève la cloche peu-à-peu, & ,, qu'on la laiffe repofer pendant quelques ,, minutes, à chaque ftation d'environ dou-,, ze pieds; " alors les différens organes du corps s'accoutument par dégrés à la denfité de l'air, fuivant qu'elle eft plus ou moins grande à différentes profondeurs. Il nous apprend même, qu'il a été des heures de fuite au fond de la mer à la profondeur de neuf ou dix braffes; & qu'il s'y eft trouvé auffi bien que s'il avoit été pendant tout ce tems-là à bord d'un vaiffeau. Cependant la denfité de l'air qu'il refpiroit là, furpaffoit plus de trois fois celle de l'air qui étoit fur la furface de l'eau; ou pour dire la chofe autrement, l'air étoit comprimé par un poids qui égaloit environ trois fois & demi celui de notre atmofphère, & dix ou douze fois celui dont étoit chargé l'air des montagnes

I

de Quito, que Mr. *De Ulloa* a respiré sans
en être incommodé. Si donc l'on accorde
un tems suffisant à l'air renfermé dans les
différens vaisseaux du corps humain pour se
contracter par dégrés, s'étendre ou s'accom-
moder autrement, à ce qu'exige l'augmentation ou la diminution de la densité de l'air
extérieur qui l'environne; on n'a à craindre
aucune mauvaise conséquence, ni aucun inconvénient, quoique la différence de densité
soit très grande.

Appliquons ceci aux Comètes. C'est à
leur périhélie, & près de ce point, que leur
vitesse est la plus grande, & que par conséquent
les changemens de leurs atmosphères sont les
plus subits : mais elles s'en approchent ou
s'en éloignent par dégrés & par une mar-
che régulière : ainsi la densité de leurs atmosphères augmente ou diminue aussi d'une
manière beaucoup plus régulière, plus uniforme, & plus insensible pour leurs habitans,
que cela n'arrive sous la cloche du *Dr. Halley:*
car sous celle-ci, les différens dégrés de
condensation ou de raréfaction s'opèrent dans
l'espace d'un petit nombre de minutes; au-

lieu qu'il faut au moins quelques jours pour produire les mêmes effets sur les atmosphères cométiques.

Ce que j'ai dit jusqu'à présent pourra paroître suffisant pour répondre aux principales objections qu'on peut former contre ce que j'ai avancé. Cependant s'il restoit encore dans l'esprit du Lecteur quelques difficultés sur les grands changemens que doivent éprouver les différens climats & les atmosphères des Comètes, dans les différentes parties de leurs orbites, j'ajouterai ici quelques remarques que je soumets à son jugement : elles serviront peut-être à diminuer ces difficultés, si même elles ne les lèvent pas tout-à-fait.

Quand une Comète approche de son périhélie, l'hémisphère de son atmosphère qui est tourné vers le Soleil, étant exposé plus immédiatement à ses rayons, doit éprouver les effets de cette proximité plutôt que l'hémisphère opposé, & par conséquent il sera échauffé, raréfié & poussé au delà du noyau par la force répulsive de l'atmosphère solaire, plus vite que l'autre : le fluide dont celui-

ci est composé, étant plus froid & plus dense , viendra remplir la place que l'autre a-
bandonne, pour rétablir l'équilibre , autant
qu'il sera possible ; ainsi il y aura continuellement un courant d'air frais, qui rafraichi-
ra les habitans de l'hémisphère qui regarde
le Soleil , & qui ira en augmentant jusqu'à
ce que la Comète parvienne à son périhélie ;
alors la vitesse du courant sera plus grande, sans que cependant il dégénère en violents coups de vent, tels que nos ouragans :
le vent qu'il produira sera fixe & n'aura rien
d'orageux , à moins qu'il n'y ait dans l'atmosphère de la Comète quelque cause capable d'en changer la nature. De plus, à mesure que la vitesse de ce courant de fluïde
augmentera , sa densité deviendra moindre,
parce qu'il sera plus raréfié : & ainsi son
intensité ou sa force continuera d'être à peu
près la même ; car elle sera en raison composée de la vitesse du fluïde & de sa densité.
La violence de nos plus grands vents, & les
effets qui en sont les suites , ne dépendent
pas uniquement de leur vitesse, mais encore de
la quantité de matière qui est mise en mou-

vement; de même, quelque grande que soit la vitesse de l'air cométique, qui circule comme on vient de le voir, son effet sera peu considérable à cause de sa rareté, il sera plutôt agréable que nuisible aux habitans des Comètes; & quoique cet air ainsi raréfié, fut peu propre à entretenir leur respiration, s'il étoit dans un état de stagnation; étant ainsi en mouvement, il a assez d'activité pour qu'ils puissent le respirer librement. On peut s'en convaincre tous les jours par l'expérience. Il arrive souvent que des personnes d'une complexion foible tombent en défaillance dans un air chaud & raréfié; le remède est aisé à trouver par-tout; pour les faire revenir, en peu de tems, il suffit d'agiter l'air contre leur visage, avec un évantail ou un écran, ce qui ne change cependant point sa densité. L'agitation de l'air peut aussi dissiper ou prévenir la désagréable sensation de chaleur qu'éprouveroient sans cela les habitans des Comètes, lorsque dans leur périhélie, ils sont exposés à l'action des rayons solaires. C'est ainsi que quand on a le visage tourné vers un feu bien ar-

dent, le feul mouvement d'un évantail, qui
même n'en cache point la vue, non-feule-
ment fait qu'on n'en eft point incommodé, mais procure encore une fraîcheur a-
gréable.

Si nous fuppofons que les Comètes tour-
nent journellement fur leur axe, le Soleil
en paroiffant & disparoiffant alternativement
procurera de nouveaux agrémens à leurs habitans; & fi nous fuppofons de plus, que ce
mouvement diurne fe fait en fens contraire
à leur mouvement héliocentrique apparent,
les retours des jours & des nuits feront plus
promts à mefure que les Comètes appro-
cheront davantage du Soleil, à caufe de leur
viteffe angulaire autour de cet aftre, dont
la chaleur par là même fera moins incom-
mode pendant le jour, malgré fa proximité,
parce qu'elle fe fera fentir pendant moins
de tems en chaque endroit, que quand les Comètes font dans des parties plus éloignées
de leurs orbites. Il eft vrai qu'on n'a pas
découvert qu'un tel mouvement diurne ait
lieu: mais comme toutes les Planètes principales fe meuvent de cette manière, autant

qu'on en peut juger par les obſervations qu'on
a été en état de faire, nous ſommes bien
autoriſés à ſuppoſer, qu'il en eſt de même
des Comètes, ſurtout lorſque nous tachons
de prouver que ce ſont des mondes habitables:
pour qu'elles ſoient telles ce mouvement leur eſt
peut-être auſſi néceſſaire qu'aux Planètes.

Je viens de dire qu'on a découvert que
les Planètes principales avoient ce mouvement de rotation; il n'y a point de doute
à cet égard par rapport à Vénus, à la Terre, à Mars & à Jupiter; on en a même déterminé la durée. Quant à Saturne & à
Mercure, le premier quoique ce ſoit un très
grand globe, eſt ſi éloigné, & le ſecond eſt
ſi près du Soleil, & en même tems ſi petit, qu'on n'a jamais pu découvrir leur mouvement de rotation, avec les meilleurs inſtrumens, mais l'analogie à fait conclure avec
raiſon, qu'ils en ont un; & cette analogie
eſt auſſi applicable aux Comètes. Il eſt vrai
que le mouvement diurne des Planètes ſe
fait à peu près dans la même direction que
leur mouvement annuel: ces deux mouvemens, autant qu'on a pu les obſerver, ſont

directs ou se font d'occident en orient; au-lieu
que nous supposons celui des Comètes contraire à cette règle. Mais ce n'est pas là une
objection contre notre hypothèse ; car les
Planètes , & les Comètes diffèrent autant
à presque tous les autres égards. Les mouvemens annuels des premières , comme on
vient de le dire , sont tous directs, & ne
s'étendent pas au delà des limites du Zo-
diaque ; les secondes se meuvent dans les
cieux en suivant toutes sortes de directions ;
les révolutions périodiques des Planètes se
font dans des orbites presque circulaires;
celles que décrivent les Comètes sont prodigieusement excentriques , & presque paraboliques. Tout cela paroît avoir été sage-
ment ainsi arrangé, afin qu'il put y avoir en
même tems une multitude de mondes , qui
fussent éclairés , échauffés , & fertilisés par
les rayons du même Soleil, & cela sans s'en-
trechoquer dans leur mouvement , ou sans
troubler l'harmonie du Système.

Pour mieux faire comprendre ce que j'ai
dit sur le mouvement de l'air autour d'une
Comète, j'éclaircirai ma pensée par une Figu-

re. Voyez donc la Fig. 5. S repréſente le Soleil, à l'égard duquel les Comètes en général, quoique peut-être égales en grandeur à notre Terre, ne ſont réellement que comme une goute par rapport à toute l'eau contenue dans un ſçeau. La petite tache X, qu'on voit ici environnée de points ſur la ſurface du Soleil S, exprime aſſez bien la proportion qu'il y a entre les grandeurs des deux globes. Les points qui environnent la tache X, marquent l'atmosphère de la Comète, & AAA celle du Soleil: C repréſente plus en grand une Comète avec ſon atmosphère & ſa queuë. Les lignes courbes $c\,k\,d\,g\,b$ d'un coté, & $c\,i\,a\,e\,f$ de l'autre, peuvent ſervir à donner une idée de la route que prend l'air condenſé qui eſt derrière la Comète en c, en paſſant par ſes divers états de raréfaction & de répulſion. Si cette partie de l'atmosphère qui eſt la plus proche du Soleil, c'eſt à-dire celle qui eſt près de la ligne $S\,b$, qui joint les centres du Soleil & de la Comète, eſt raréfiée, l'air plus denſe qui eſt en c, devra néceſſairement s'avancer pour conſerver l'équilibre autant qu'il eſt poſſible,

I 5

& il continuera de se mouvoir aussi long-temps que la raréfaction continuera d'augmenter. Or comme c'est effectivement l'air qui est près du Soleil qui se trouve le plus raréfié; ainsi celui qui est en *c* prendra son cours autour du noyau, en passant en *k* & *i*; mais avant que ces parties d'air séparées arrivent en *d* ou en *a*, leur raréfaction augmentera de manière qu'elles commenceront à monter, & quand elles parviendront en *a* & en *d*, elles se repousseront l'une l'autre; cependant leur raréfaction allant toujours en augmentant, elles continueront de monter le long de la ligne S *b* comme à travers un canal, & elles se repousseront avec plus de force à mesure qu'elles s'éloigneront davantage de la Comète, jusqu'à ce qu'enfin en *l* & en *m*, la répulsion de l'atmosphère solaire les oblige de se retirer par *g h* ou *e f*, vers l'extrémité de la queuë; d'autres parties leur succéderont & prendront le même cours, soit qu'elles soient plus ou moins éloignées de la Comète; & cela jusqu'à ce que la raréfaction de l'atmosphère cométique soit aussi grande qu'elle peut le devenir par l'effet de la force répulsive de celle du Soleil, ou de sa proximité rélativement à cet astre. Dans la figure on a désigné par de plus foibles traits, cette matière ainsi circulante.

Avant que de finir, je soumettrai encore une remarque au jugement des Lecteurs.

Notre air, quand le thermomètre nous apprend qu'il est extrêmement froid, ne nous affecte pas aussi désagréablement, s'il n'y a point d'agitation dans l'atmosphère, que quand le thermomètre étant dix ou douze dégrés plus haut, & par conséquent le tems plus chaud, un vent fort vif souffle : ceux qui observent avec attention les variations de leur thermomètre, ont souvent occasion de faire cette remarque. Or quand une Comète est à sa plus grande distance du Soleil, son atmosphère condensée uniformément autour de son globe, jouit du calme le plus parfait, qu'aucune cause étrangère ne peut troubler : car quelles que soient les influences, nuisibles ou salutaires, que les corps célestes peuvent se communiquer réciproquement lorsqu'ils sont voisins ; les Comètes, dans leur aphélie, font fi prodigieufement éloignées de tous les autres globes de notre fyftème, qu'à confidérer la chofe phyfiquement, tout effet mutuel entre ces differentes maffes doit être nul. Ainfi environnés d'une atmos-phère fi calme, & fi denfe, & éclairés par les rayons folaires, les habitans des Co-mètes, quoique dans leur plus grande diftan-ce du Soleil, éprouvent une chaleur égale à celle dont jouiffent les habitans de la Terre & de toute autre Planète, ou du moins ils ne font pas plus à plaindre.

Je ne faurois mieux terminer cet Effai que par une très belle réflexion du Dr. *Williamfon*, la voici *.

„ Une des principales idées que nous de-
„ vons nous former de l'Etre fuprême, c'eft
„ qu'il eft la fource de la vie, de l'intelli-
„ gence & du bonheur, & qu'il fe plait à les
„ communiquer. La Terre fur laquelle nous
„ marchons, l'eau que nous buvons, &

* *Voyez Tranfactions of the American Philofo-phical Society of Philadelphia. Appendix pag.* 30.

,, l'air que nous respirons, sont remplis de
,, créatures vivantes, toutes faites comme
,, elles doivent être pour vivre dans les lieux
,, qui leur servent d'habitation. Suppose-
,, rons-nous donc que notre petit globe est
,, le seul qui ait été créé pour être habi-
,, té, pendant que les Comètes, dont plu-
,, sieurs sont des mondes qui le surpassent
,, en grandeur, n'ont été formées que pour
,, offrir le spectacle d'un inutile chaos, &
,, pour être alternativement gelées par le
,, froid le plus rigoureux, ou brulées par la
,, chaleur la plus ardente? Nous ne pouvons
,, pas le penser: les Comètes sont sans doute
,, aussi habitées."

ADDITION

à ce qui a été dit dans cet Essai sur les atmosphères des Comètes.

Si nous supposons que tous les corps solides de notre système solaire soient anéantis, mais que leurs atmosphères restent; celles-ci n'étant plus affectées par la force de la gravité, qui les condensoit auparavant autour de leurs globes respectifs, elles s'étendront de tout coté à cause de la répulsion mutuelle de leurs parties, jusqu'à ce que tout l'espace dans lequel se mouvoient ces globes, soit également rempli du fluide atmosphérique; & alors sa densité étant la même dans chaque partie de l'espace, le tout restera en repos.

Si au contraire nous supposons que ce fluide ait été la première substance matérielle créée, & répandue dans cet état de raréfaction par tout l'espace, & qu'ensuite les

différentes maffes du Soleil, des Planètes &
des Comètes, aient commencé d'exifter à
peu près en même tems: les parties de ce
fluïde, quoique fe repouffant mutuellement,
étant toutes foumifes à la loi de la gravitation, elles auront cependant été attirées par
ces globes folides, & chaque particule fe
fera mue vers celui qui l'aura attirée avec
le plus de force.

L'atmosphère de Mercure, à caufe de la
petiteffe de fon globe, & de fa proximité
à l'égard du Soleil, aura été la moins étendue & la moins confidérable de toutes; car
concevons une ligne droite telle que A B,

$$\text{A} \quad\quad \text{D} \quad\quad\quad\quad\quad \text{B}$$
$$\varphi \text{———} + \text{————————} \odot$$

tirée du cen-
tre du Soleil au centre de Mercure, & di-
vifée en D, de manière que la partie qui
eft du coté du Soleil, foit à celle qui eft
du coté de Mercure, en raifon fous - dou-
blée de la quantité de matière dans le Soleil,
à la quantité de matière dans Mercure;
toutes les particules qui feront entre D &
B tendront vers le Soleil & fe condenferont
autour de lui, tandis qu'il n'y aura que cel-

les qui feront entre A & D qui fe range-
ront du coté de Mercure. Or on trouve
par le calcul que D B : D A : : 3693 : 1. ou à
peu près ; ainfi dans toute direction oblique,
les particules, dont les diftances au Soleil
& à Mercure font plus grandes ou plus
petites fuivant cette proportion, iront & fe
condenferont vers l'un ou l'autre, à moins
qu'elles ne foient attirées de coté par l'action
de quelque autre corps. Ce qui eft dit ici de
Mercure, eft également applicable à toutes
les autres Planètes ; & comme l'attraction
du Soleil eft beaucoup plus grande que les
attractions réunies de toutes les Planètes ;
dans chaque partie de l'espace où elle fe
trouvera plus forte que celle de la Planète voi-
fine, le fluïde defcendra & ira fe joindre à
l'atmosphère folaire, pendant que le refte
fe condenfera continuellement autour des
Planètes, jusqu'à ce que chacun de ces
différens globes foit environné de fa propre atmosphère, & que le refte de l'espace célefte foit un vuide parfait, dans lequel
les divers corps, qui y feront leur révolution, n'épouveront aucune réfiftance,

Si

Si nous supposons enfin que les Comètes
ont été créées & projettées dans leurs orbites étant à leur aphélie, ou à leur plus
grande distance du Soleil, il sera aisé de
rendre raison de la grandeur de leur atmosphère, qui surpasse si fort celle des Planètes. La providence a tellement réglé
leur cours, que les angles d'inclinaison que
forment entr'eux les différens plans de leurs
orbites, aussi bien qu'avec celui de l'Eclip-
tique, sont en général fort grands, & que
leurs mouvemens sont dirigés dans les cieux
indifféremment de tout coté : par conséquent
dans leur aphélie leur distance tant à l'é-
gard des Planètes, qu'à l'égard les unes des
autres, surpasse toute conception humaine :
ainsi sans en être aucunement empêchées
par les Planètes, elles ont pu se partager entr'elles toute cette partie du fluide qui rem-
plissoit ces vastes espaces de notre système,
au delà des régions planétaires. Suivant
donc cette supposition, elles ont dû nécessairement avoir des atmosphères telles qu'elles
les ont en effet, & qui en passant à travers les sphéres planétaires sont repoussées

K

quelquefois, comme nous l'avons dit, à de
si prodigieuses distances derrière leurs noyaux,
par l'atmosphère solaire. Celles dont l'éloigne-
ment dans leur aphélie a été le plus grand,
étant plus solitaires, auront condensé autour d'elles les plus vastes atmosphères,
ce qui leur étoit nécessaire, d'après les principes posés dans cet Essai, pour être rendues
habitables dans cette grande distance où
elles sont du Soleil.

Ceci fait naitre chez moi une idée que je
soumets à l'examen d'Astronomes plus en
état d'en juger, & que je propose uniquement pour fournir occasion à des recherches
ultérieures. La longueur de la queuë des
Comètes, à distances égales du Soleil, est
vraisemblablement proportionnée à la quantité du fluïde répulsif dont leurs atmosphères respectives sont composées ; ne seroit-
il pas possible par là de former une conjec-
ture raisonnable sur la distance de leurs a-
phélies ? En observant la longueur apparente de ces queuës lorsqu'elles descendent
vers le Soleil, & qu'elles en sont à des
distances égales, on en concluroit leur vé-

ritable longueur : ensuite en comparant celles qui apartiennent à des Comètes dont
les distances dans leur aphélie ne sont pas
encore connues, avec celles de ces Comètes dont les aphélies sont déjà déterminés,
on parviendroit à connoitre la distance
aphélie des premières ; & cette distance
étant une fois déterminée, autant qu'elle
pourroit l'être par cette méthode, on déter-
mineroit leurs distances moyennes & leurs
révolutions périodiques, par la comparaison
de la partie calculée de leurs routes avec
ces distances.

F I N.

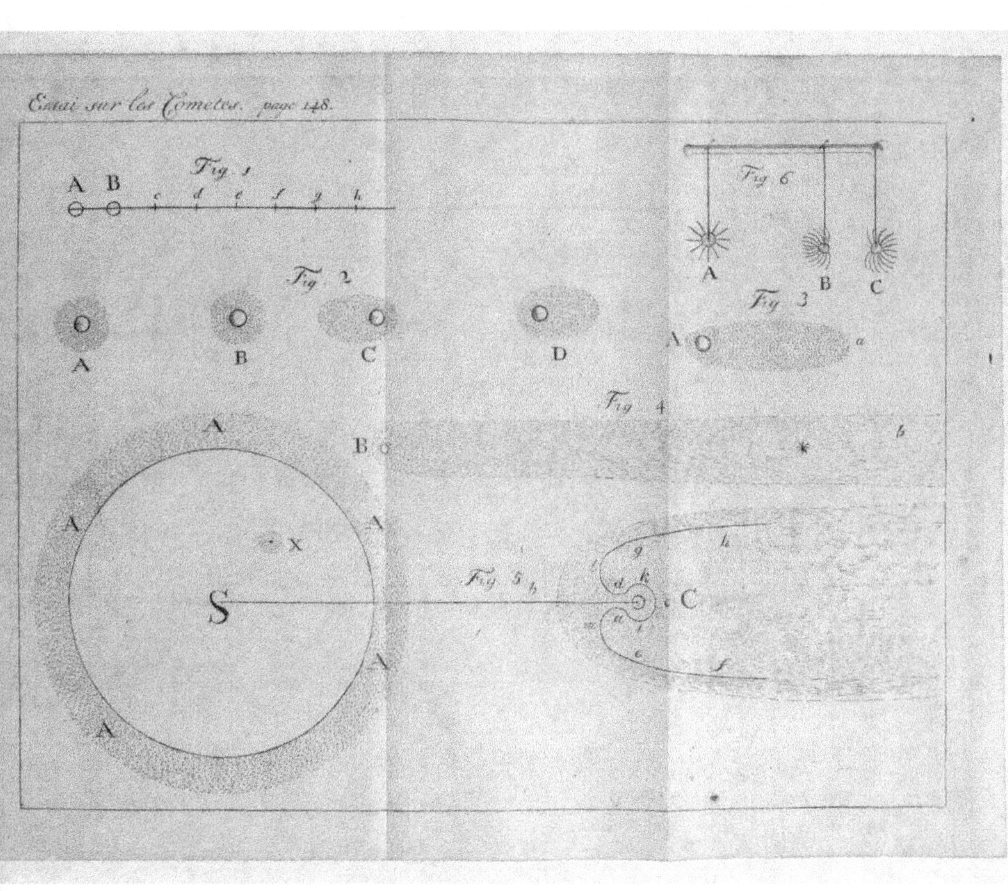
Fig. 1
A B c d e f g h
Fig. 2
A B C D
Fig. 6
A B C
Fig. 3
A a
Fig. 4
b
Fig. 5
A
X
S
g h
d k
m a i C
e f

www.ingramcontent.com/pod-product-compliance
Lightning Source LLC
LaVergne TN
LVHW021707060726
842527LV00003B/1038